露天转地下开采
围岩稳定与安全防灾

南世卿　杨天鸿　唐春安　于庆磊　著

北　京
冶　金　工　业　出　版　社
2013

内 容 简 介

本书针对石人沟铁矿露天转地下过渡开采过程面临的现场实际安全问题，采用物理实验测试、工程类比分析、极限平衡解析、数值模拟、CMS探测与实体建模、微震探测与预测预报等方法，建立了境界顶柱合理留设、防突涌突冒措施及断层破碎带下的采矿方案、采空区处理与矿柱回收方案和基于微震监测技术的灾害防治与预测预报系统。

本书研究、分析、总结出的成套露天转地下开采围岩稳定与安全防灾技术，为我国地下开采矿山提供了科学思路，形成的稳定性分析及研究理论有利于补充岩体力学理论，对于该技术研究领域具有借鉴意义。

本书可供采矿工程、地质工程、地下工程的技术和管理人员以及从事矿山安全生产工作的人员参考，也可作为相关专业的科研和教学参考用书。

图书在版编目(CIP)数据

露天转地下开采围岩稳定与安全防灾/南世卿等著．—北京：冶金工业出版社，2013.11

ISBN 978-7-5024-6400-4

Ⅰ.①露… Ⅱ.①南… Ⅲ.①矿山—地下开采—围岩稳定性 ②矿山—地下开采—防灾 Ⅳ.①TD325 ②TD7

中国版本图书馆CIP数据核字(2013)第245769号

出 版 人 谭学余
地 址 北京北河沿大街嵩祝院北巷39号，邮编100009
电 话 (010) 64027926 电子信箱 yjcbs@cnmip.com.cn
责任编辑 于昕蕾 美术编辑 彭子赫 版式设计 孙跃红
责任校对 李 娜 责任印制 张祺鑫
ISBN 978-7-5024-6400-4
冶金工业出版社出版发行；各地新华书店经销；北京慧美印刷有限公司印刷
2013年11月第1版，2013年11月第1次印刷
169mm×239mm；12印张；232千字；182页
36.00元

冶金工业出版社投稿电话：(010)64027932 投稿信箱：tougao@cnmip.com.cn
冶金工业出版社发行部 电话：(010)64044283 传真：(010)64027893
冶金书店 地址：北京东四西大街46号(100010) 电话：(010)65289081(兼传真)
(本书如有印装质量问题，本社发行部负责退换)

前　言

矿山采用露天或者地下开采后，其相应的采矿方法、采矿工艺、生产及运输程序，以及由采矿活动引起的边坡、采场覆岩、围岩与地表的采动破坏特征、顶板与采场围岩矿压活动规律是截然不同的。经过几十年持续高强度的开采，20世纪70年代以来，我国许多露天矿山随着浅部资源逐渐枯竭，已经进入深凹露天开采阶段，部分矿山正在或者已经转入露天和地下联合开采或者全部地下开采阶段。因此对露天转为地下开采的研究，显得尤为迫切与突出。

本书以河北钢铁集团矿业有限公司石人沟铁矿露天转地下开采的实例为背景，研究和总结出成套露天转地下开采围岩稳定与安全防灾技术，这为我国地下开采矿山提供了科学思路，形成的稳定性分析及研究理论有利于补充岩体力学理论，对于该技术研究领域具有借鉴意义。书中提出的岩石破裂过程分析系统及分析方法，能够得到露天转地下开采围岩失稳机理的渐进动态破坏过程，为露天转地下围岩失稳机理研究提供了新的动态、可视化的分析手段。

本书内容得到国家“十一五”支撑计划项目（2006BA02A02）、国家自然科学基金（51174045，51034001）、东北大学创新团队项目（N090101001）、中央高校基本科研业务项目（N120601002）资助。

本书是作者对露天转地下开采技术多年研究和实践的总结。本书在编写过程中，得到了邢军、宋卫东、宋爱东、张永彬、马天辉、李连崇、郭献章、李成合、王亚东、苏明、王一、李胜、荣晓洋等的帮助，在此向他们表示感谢。

书中如有不妥之处，敬请读者批评指正。

作　者

2013年6月

目　　录

1 露天转地下开采研究评述

1.1 研究背景

我国露天开采矿山随着开采深度的增加，原有的矿山生产要求发生了变化。尤其是从20世纪70年代开始，大量的金属矿山开始由露天向地下开采转化，如通钢板石铁矿、首钢密云铁矿、首钢大石河铁矿、承钢黑山铁矿等。进入21世纪后，随着社会对资源需求的急剧增加，开采速度加快，越来越多的露天矿山面临着转入地下开采生产的问题。露天转地下开采主要涉及以下几个问题[1~6]：（1）露天转地下境界矿柱的稳定性分析；（2）露天采场边界内地下矿房的位置及参数确定；（3）对矿房内的采空区围岩进行有效观测；（4）防止露天坑底水突然涌入地下矿房等。从中可以看出，境界矿柱的稳定性是关系到露天转地下过渡中矿山安全生产的重要问题。通过留设境界矿柱可以使露天与地下开采同时进行，保证在露天转地下开采过程中，开采矿量保持稳定和通风系统正常运行，但是境界下矿柱的留设也会给地下开采的安全带来隐患。如果境界矿柱留的过薄，易造成境界矿柱突然间崩落，会对地下采空区产生强动力冲击。当境界矿柱塌落时，对采空区内空气进行压缩，被压缩的空气从与采空区连通的巷道泄出时，具有很高的速度（高达100m/s以上），形成破坏性很大的气浪，对井下设施及人员造成很大危害，甚至可使矿井报废。境界矿柱如果留的过厚会造成矿产资源的浪费，因为矿柱回采率低（只有40%左右，甚至更少），贫化率大，回采境界矿柱的掘进工程量和投资较大。因此，境界顶柱稳定性及防突涌突冒研究对于矿山露天转地下开采工程是一项重要而又复杂的科研课题。

石人沟铁矿是河北钢铁集团的主要矿石原料基地，1975年建成投产，采用露天开采方式，将整个矿山划分为三个采区（现已形成南北两个采区），经过近40年的生产，现露天开采已经进入开采末期，南区露天开采已经结束，并作为内部排土场，北区露天开采可延续到2004年。矿山目前正在由露天转入地下开采，并将南区作为转入地下开采的首采区。河北钢铁集团矿业有限公司石人沟铁矿露天转地下开采遇到了许多技术问题，如露天与地下生产的衔接与生产平稳过渡的问题，露天采坑内排岩堆形成的重力对地下开采的影响，露天采坑积水对地下开采的影响，矿区内大断层、破碎带的影响，露天边坡稳定性问题，矿柱回收与空区处理问题等。其中有些问题其他露天转地下矿山也同样会遇到。石人沟铁矿露天转地下存在的问题多且难度大，问题复杂，具有典型性及代表性，随着地下开采的进行，可能出现以下两个影响地下开采安全生产的问题：

（1）地下开采引起的采空区和境界矿柱突冒危险性。原初步设计井下开采采用留矿法，上面留 20 ~ 60m（不包括顶柱 6m）厚的境界矿柱，沿矿体走向每 50m 留一 8m 宽间柱。随着采空区的形成（高 48m），境界矿柱、顶柱、间柱承受自重、上盘岩体和露天坑回填物的压力，需要对其稳定性进行研究。如果采矿期间矿柱被破坏，可能会形成大规模崩落，不但造成矿石损失贫化，而且可能发生人员伤亡等重大事故，给矿山安全和正常生产造成危害，这是急需解决的重要问题。倘若顶部矿柱厚度过大，会使矿柱回采困难，引起资源损失，还会提高采矿成本。因此，合理地确定矿柱厚度是确保矿山正常安全生产的技术关键问题。

（2）露天坑积水下渗引起的井下突涌可能性。初步设计对露天矿坑积水及其矿井排水采取了相应的安全措施：露天坑周边设防洪沟，坑内积水通过泵站排除，井下涌水设泵房、水仓和防水闸门等技术措施，但是没有对露天坑积水突涌问题进行深入分析。该区存在多条规模较大的断层带，其中 F8 断层为导水的正断层，断层附近的岩体节理发育，井下开采诱发裂隙进一步开裂，岩体渗透性逐步提高，一旦和露天坑内积水形成良好的水力联系，势必引起井下突涌，给矿山安全生产造成重大灾害。无疑，顶部矿柱崩落也是引起突涌的重要原因。必须对露天坑内积水引发突涌问题进行深入研究，提出可行的防止危害的安全措施。

为尽量减少或防止这些问题的发生，在实际开采过程中，我们进行了相关的研究，具体如下：

（1）断层破碎带影响下矿体安全开采技术问题。矿山在南区 F18 - F19 断层破碎带之间，为确保安保将整个断层破碎区域留设作保安矿柱，这将影响矿山采矿回收率，浪费大量的矿石资源，进而影响矿山经济效益。研究制定该区域赋存矿体的安全采矿方案，对矿山具有实际意义。

（2）采空区处理与矿柱回收技术问题。露天转地下开采矿山的地下首采层经过采矿生产后形成大量的采空区，如果不及时进行处理，一旦围岩失稳会产生大塌方大冒落灾害事故。为确保顶板稳定而留设的矿柱同样是矿石资源，应研究制定回收矿柱的技术方案。

（3）地下开采围岩稳定与实时监测及防灾技术。地下开采的安全防灾应从灾害发生前进行预测，做到防患于未然，从而确保矿山地下开采安全。研究建立预防围岩突然发生失稳破坏的预测预报系统，实现实时的检测和预测预报，是保证矿山采矿安全的重要手段。

1.2 研究目的、意义和研究过程概述

1.2.1 研究目的、意义

本书研究的目的是对采空区大规模突冒问题和露天坑积水引起的井下突涌的危险性做出科学的评价，确定安全、合理的采矿方法和安全防灾技术方案，采取防止境界矿柱突冒、露天坑底存水突涌的控制技术措施，为该矿山露天转地下开采顺利进行提供科学依据。本书深入研究了露天转地下过程中灾害防治、地下开采诱发围岩破裂损伤评价体系，该书成果对于丰富、完善我国铁矿山露天转地下开采技术和理论，促进我国矿山露天转地下安全可持续发展，具有重要的实际应用和推广价值。

1.2.2 研究过程概述

露天转地下开采围岩稳定与安全防灾研究自2002年8月开始立项研究，至2010年6月已经完成了本书各课题的研究，并从2005年起将各课题研究完成的成果用于指导矿山实际应用，进一步验证研究结果，并在实践中再提高和完善，到2010年上半年，已经总结出一整套露天转地下开采矿山的围岩稳定与安全防灾技术集成。具体研究过程如下：

（1）2002年8月~2003年7月，开展现场勘查和详细的地质、采矿资料分析，进行现场取样岩石力学参数测试，建立了矿体力学模型，应用极限平衡解析法和数值模拟方法（主要应用RFPA、FLAC和Patran软件进行计算），进行采空区围岩变形、破坏及境界矿柱稳定性评价和安全矿柱设计影响因素敏感性分析，初步确定境界矿柱及矿房采矿参数。

（2）2003年7月~2005年1月，防止突冒、突涌灾害研究成果总结与指导矿山应用。

（3）2006年10月~2007年7月，断层破碎带影响下矿体安全采矿技术研究。开展了现场勘查和详细的地质、采矿数据分析，进行了现场取样岩石力学参数测试，建立了矿体力学模型，应用数值模拟方法（主要应用RFPA、Patran和Nastran软件进行计算），进行了采空区围岩变形、破坏、断层影响及境界矿柱稳定性评价和安全矿柱设计影响因素敏感性分析，确定了该区段内的采矿方法以及巷道支护方案。

（4）2007年7月~2007年10月，含水破碎及断层影响带采矿技术研究总结，制定采矿技术方案，并指导矿山采矿应用。

（5）2008年3月~2010年6月，采空区探测、处理技术与矿柱回收技术研究。应用物探、钻孔和CMS设备进行空区实测，根据实测数据建立空区三维结

构模型，以此制定相应的空区处理方案；同时根据矿柱的形态、稳定状况，对矿柱的稳定性进行安全分级，并有针对性地制定矿柱回收方案，指导矿山的施工。

（6）2008 年3 月 ~2010 年 6 月，微震监测技术的研究与应用。从加拿大ESG 公司购置矿山微震监测系统（24 通道），建立露天转地下开采的衔接层及地下开采地压活动的微震监测系统，利用并行计算技术分析开挖扰动形成的应力场，实现微震监测系统和三维应力分析系统之间的数据交换，建立基于背景应力场的矿山岩体失稳预警、预报系统，为矿山安全生产提供了技术支撑和决策支持。另外，该系统可以快速有效地定位被盗采部位，有效地打击非法盗采，保护合法开采人的权益，保证矿产资源的安全高效采出，防治不明采空区的形成，从而减少空区突水和塌方造成的严重灾害。

（7）2008 年4 月 ~2010 年 6 月，露天转地下开采防灾、减灾实时预测预报技术研究。通过极限平衡、数值模拟等研究手段，寻找地下巷道、边坡周围压力的变化特性，分析复杂采动条件下工程岩体的应力场分布规律、破坏模式，提出复杂采动条件下工程岩体稳定性分析方法，并针对研究的结果采取必要的安全措施和监测方案，确保露天开采时边坡的稳定，制定露天转地下开采过渡时期的边坡管理办法，纳入矿山生产管理之中。利用微震监测系统，对采场围岩和露天高陡边坡进行长期实时监测，将监测到的数据通过网络无线传输到微震活动分析中心，利用并行计算技术分析开挖形成的应力场，实现微震监测系统和三维应力分析系统之间的数据交换，建立了基于背景应力场的矿山岩体失稳预警、预报系统，为矿山安全生产提供了技术支撑和决策支持。

（8）2008 年6 月 ~2010 年 6 月，基于虚拟现实技术的围岩稳定与矿山动力灾害预测、预警系统的研发。结合石人沟铁矿实际生产与安全监测情况，利用虚拟现实技术开发出包括矿体、巷道、防水帷幕以及铲装运输作业等三维场景，带有虚拟漫游、应力场显示、微震数据显示及信息查询功能的虚拟矿山系统。

石人沟铁矿的微震监测数据利用无线传输技术实时地传送到东北大学虚拟现实系统仿真中心，同时建立矿山的力学模型进行应力场分析，根据开采生产计划更新模型，在摸清矿山应力分布的情况下，结合微震监测数据评价石人沟铁矿采场围岩稳定性，及时调整开采工艺参数，对潜在大型岩体破坏灾害进行预测、预警，为矿山生产提供决策支持，自运行以来，矿山安全生产得到了确保。

1.3 同类技术研究现状及对比

近年来，国内外学者注重于工程实践，从实际工程出发，对露天转地下开采的相关科学问题及相应的技术做了大量的研究工作。例如，徐长佑[1~7]对露天转地下开采的技术、方法进行了较为全面的阐述；李文秀[7]针对急倾斜厚大矿体地下与露天联合开采岩体移动分析问题，利用模糊数学理论，建立了开采岩体移动分析和边坡稳定性分析的模糊数学模型，对分析过程中的工程参数确定给出了模糊数学方法，利用所建立的数学模型。对我国某地下与露天联合开采矿山急倾斜厚大矿体地下开采导致的岩体移动变形及上部边坡稳定性进行了具体的计算分析，所获结果可供工程设计参考应用；甘德清、张云鹏等对建龙铁矿露天转地下过渡期的联合开采方案进行了系统研究，提出了相关的指导建议[8]；王进学、王家臣等[9]通过系统研究，提出了眼前山铁矿深部矿体的合理开采方式，并对露天转地下开采过程中生产能力的衔接，开采方式的平稳过渡，地下开采首采区的选择，矿山生产规模的确定，采矿方法的选择以及边坡下压帮矿量的回采进行了论证，得到了眼前山铁矿深部矿体开采的系统优化方案；范平之[10]根据新桥硫铁矿的现状，探讨了新桥硫铁矿东翼矿体露天采场露天底从 -180m 水平抬至 -144m 水平的必要性和可能性，并对其方案的经济、社会效益进行了分析，提出了露天底底柱的回采方法；F. B. 夏温斯基、A. F. 克鲁格利科夫、B. A. 谢尔卡诺夫等[11,12]，对露天 - 地下联合开采法的现状和发展前景进行了系统的研究。大量的科学理论研究工作很好地指导了工程实践，为国内外露天转地下工程的设计、施工提供了科学的依据[13~29]。

国内外学者虽然在露天转地下开采及围岩稳定技术方面开展了大量的研究并取得了可喜的进展，但是对于本项研究对象矿山的复杂难采技术条件，如境界顶柱留设厚度及稳定性技术研究、防突涌突冒技术研究、露天转地下开采首采层采空区处理技术、矿柱安全高效回收技术、断层破碎带影响下安全采矿技术、采空区精确探测技术、微震实时监测与防灾预测预报技术等综合安全防灾的成套系统技术研究，目前还未见类似报道。本项研究，针对实例矿山露天转地下开采的关键安全技术问题，开展系统安全防灾技术研究，开发成套露天转地下开采安全防灾与高效采矿技术集成，对于我国类似矿山具有典型的代表意义及示范意义，为国内外同类学术研究提供技术借鉴。

1.4 研究方案、技术路线和研究目标

1.4.1 研究方案

露天转地下开采围岩稳定与安全防灾研究针对石人沟铁矿露天转地下开采围岩稳定与安全防灾技术问题，通过实际岩体物理力学性能测试分析、现场监测分析、地下开采境界顶柱破坏机理分析以及数值模拟计算相结合的方法，确定矿山露天转地下开采境界顶柱稳定性及防止突涌突冒的技术方案；通过围岩稳定下分析与数值模拟计算，研究制定断层影响下矿体开采采矿方案；通过 CMS 探测技术和 3DMINE 建模技术，研究制定采空区处理与矿柱回收方案；通过微震监测系统的建立与稳定运行，对地下开采进行防灾实时监测；通过虚拟现实技术的围岩

稳定与矿山动力灾害预测、预警系统的研发，建立矿山灾害预防、预测、预报系统。系统分析、总结研究，制定出成套露天转地下开采围岩稳定与安全防灾技术集成，为我国铁矿山露天转地下开采解决实际及关键问题提供示范研究理论与技术。

1.4.2　技术路线

在制定了详细的研究方案后，为研究形成露天转地下开采围岩稳定与安全防灾一系列实用技术和成套技术集成，制定的技术路线如图 1－1 所示。

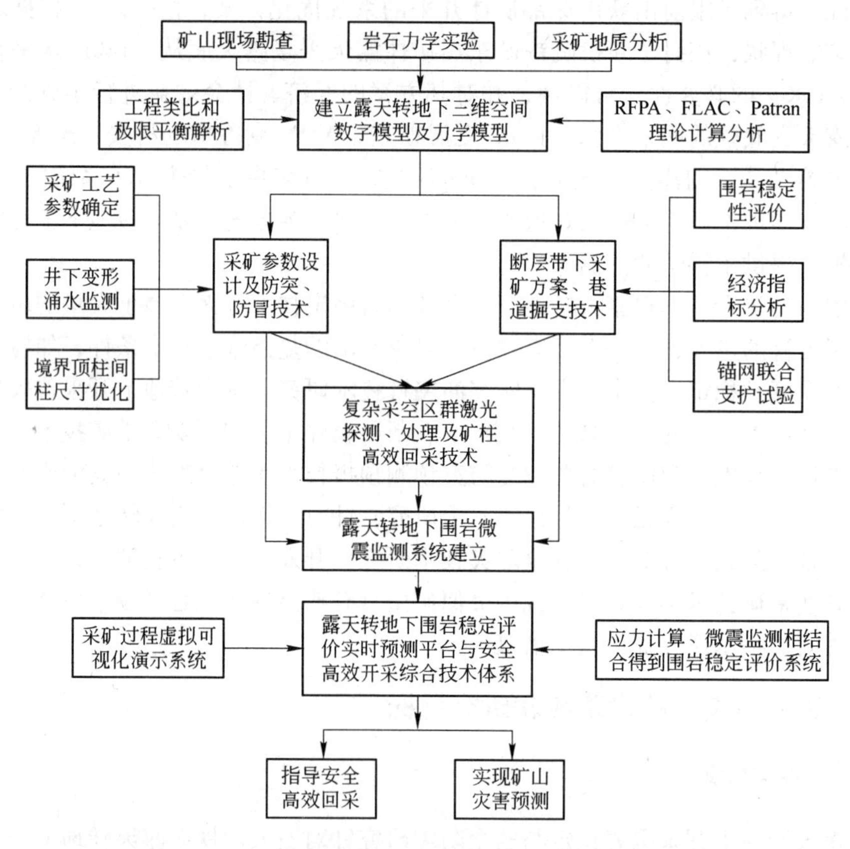

图 1－1　露天转地下开采围岩稳定与安全防灾技术路线

1.4.3　研究目标

本项研究紧密结合河北钢铁集团矿业有限公司石人沟铁矿露天转地下开采工程实际，采用岩体物理力学性质测试、工程类比、解析分析以及数值计算等方法，研究确定石人沟铁矿露天转地下开采境界顶柱厚度、防突涌突冒技术方案以及大断层、破碎带影响下复杂难采矿体采矿方案，为确保复杂难采矿体条件下露天转地下开采的安全生产和产量衔接提供技术支撑，具体研究目标如下：

（1）建立解决露天转地下关键技术的一套科学分析与计算方法和研究思路，研究制定成套露天转地下开采围岩稳定与安全防灾技术集成，并为急需露天转地下开采矿山提供了技术支持，对同类矿山具有示范作用，为该研究领域的技术发展提供研究基础。

（2）通过研究得到的关键技术，总结、整理和申报几项自主知识产权。

（3）把考虑岩体渐进破坏过程的分析方法应用到石人沟铁矿露天转地下开采境界顶柱稳定性的实例研究中，为露天转地下围岩失稳机理提供新的动态可视化分析手段。

（4）通过对不同境界顶柱的稳定性分析，提出结合不同地质区域的矿岩特性和应力场分布，采用不同境界顶柱厚度方案，即矿山在保证采场顶、底板应力集中不超过矿岩的极限强度值，从而确保安全生产，多回收资源。

（5）针对大断层破碎带影响下的复杂难采矿体的采矿技术问题，通过对断层区域稳定性分析、二维破坏机制模型分析及三维应力场计算分析，研究确定可行的采矿技术方案与支护方案。

（6）对大断层影响区域内复杂难采矿体研究制定小分段矿房采矿法，使该区域矿体安全高效的采出，创造可观的经济效益。

（7）对采区内采空区进行即时探测和实体建模，掌握采空区结构参数，研究制定采空区处理方案和矿柱回收方案，指导采矿安全高效进行。

（8）对采场围岩稳定性进行长期实时监测，指导现场采取安全措施，确保采矿安全。

2 岩体结构特征、渗透特性及力学性质测试

工程岩体是由岩石块体和非连续节理（裂隙）组成的地质结构体，在地质环境和工程扰动作用下岩体中相邻节理扩展和相互贯通是其破坏的主要方式，同时引起岩体渗透性的显著变化，这导致节理化岩体的强度比岩块的强度低很多。本章根据石人沟铁矿现场岩体结构勘查、取样试验结果，同时参考原冶金部勘察设计研究所提交的石人沟铁矿边坡稳定性研究报告[23]，提出了适合该矿稳定性分析的岩体强度指标。

2.1 石人沟铁矿岩体结构特征描述

研究岩体的结构特征，是为了确定岩体边界条件和性质，探讨岩体的各向异性及其力学类型，从而为岩体稳定性评价提供依据。

矿区内断裂构造发育，对矿体影响也较大，其中在南区范围内较大的断层有F5、F8、F 18、F9、F0、Fc 等。同时在断层带内充有各类岩脉，有的切穿矿体。各断层常伴随有节理产生，且它们在产状上有一定的相似性，分布规模受断层影响。

南区所发育的结构面按其成因和规模分为大规模的原生结构面、大规模的构造结构面、小规模的层理节理面三类，大规模的结构面构成岩体不稳定的滑面和切割面，小的结构面切割岩体，使岩体破碎，降低岩体力学强度。

（1）原生结构面包括岩性分界面、岩脉和围岩的分界面，其中地下采空区顶柱和围岩的分界面构成顶柱潜在失稳的危险滑动面；岩脉和围岩呈破碎接触，这类原生结构面随着地下开采，结构面张开，极易沿接触面滑动，是采空区围岩稳定性的主要控制边界。

（2）大规模的构造结构面主要为断层，其中 F8、F18 两条规模较大的东西走向的断层和采空区相交，对顶柱安全影响较大。

（3）小规模的层理节理面把岩体切割成层状和块状结构，经现场勘查，参考原冶金部勘察设计研究所提交的石人沟铁矿边坡稳定性研究报告中岩体结构评价结果[23]，得出如下结论：南区岩体节理密度为 6 ~ 9 条/m，节理面的起伏度（JRC）为 10 ~ 12，粗糙度为 2 ~ 3，平均节理长度为 3 ~ 10m。

上述岩体结构特征描述为岩体强度评价提供了依据。

2.2 石人沟铁矿岩体渗透特性

岩体的渗透性是分析地下水分布的重要参数，尤其是地下开采将引起围岩渗透性的变化，所以研究石人沟铁矿岩体渗透特性对于正确分析“突冒、突涌”可能性十分重要。

根据矿区水文地质条件并参考相关资料，得到该区片麻岩的渗透系数为 5.17×10^{-7} m/s，花岗岩的渗透系数为 2.18×10^{-7} m/s，石英岩的渗透系数为 11.7×10^{-7} m/s。分析石人沟铁矿岩体渗透特性，可知片麻岩和花岗岩的渗透系数较低，可近似看作隔水层，石英岩的渗透系数略好于片麻岩和花岗岩，但也不会发生大量涌水。南区勘探中，发现基岩中存在承压水，水位高于侵蚀基准面，表明承压水通过断层受潜水补给，但基岩排泄条件不畅，只要采空区不和围岩破坏区或断层连通，就不会发生“突涌”灾害。

2.3 矿岩物理力学性质试验

东北大学岩石力学实验室对河北钢铁集团矿业有限公司石人沟铁矿现场取样，共取了四组试样，每组取了五块试样。四组试样的名称分别为 M1、M2、M4 和黑云母角闪斜长片麻岩，分别对四组试样进行了物理力学性质测定，其结果如下：

(1) 岩样加工。按试验项目要求，实验室分别对岩样进行了加工。试件加工严格遵守试验规程，数量、精度符合规范要求。

(2) 试验项目。块体密度试验、抗拉强度试验、单轴抗压强度试验、变形性质试验、三轴试验。

(3) 试验方法。试验执行中华人民共和国国家标准《工程岩体试验方法标准》(GB/T 50266—1999)。参照中华人民共和国行业标准《水利水电工程试验工程》(SL 264—2001)。

(4) 试验成果。试验结果见表 2-1。

表 2-1 岩石物理力学性质试验总表

采样地点：石人沟铁矿				试验日期：2002.9.15～2002.10.20			
岩石名称	块体密度 /g·cm⁻³	抗压强度 /MPa	抗拉强度 /MPa	抗剪参数		变形参数	
				内聚力 C/MPa	内摩擦角 φ/(°)	弹性模量 /MPa	泊松比
M1 矿体	3.58	99.44	11.95	21.83	48.36	8.03×10^{4}	0.21
M2 矿体	3.46	130.77	10.52	23.67	53.33	7.59×10^{4}	0.20

续表 2－1

采样地点：石人沟铁矿				试验日期：2002.9.15～2002.10.20			
岩石名称	块体密度 /g·cm^{-3}	抗压强度 /MPa	抗拉强度 /MPa	抗剪参数		变形参数	
				内聚力 C/MPa	内摩擦角 φ/(°)	弹性模量 /MPa	泊松比
M4 矿体	3.54	101.06	8.91	20.70	51.05	7.85×10^4	0.31
黑云母角闪斜长片麻岩	2.74	141.58	14.37	27.54	55.08	6.98×10^4	0.26
废石	2.7			21	42		

2.4　岩体力学参数确定

岩体的强度介于岩块强度和结构面强度之间，一般岩体的强度取决于节理密度、节理粗糙度、连通性等质量系数，目前规范中提出的经验公式包括节理密度法、费先科公式、霍克－布朗公式等。

1989 年，原冶金部勘察设计研究所提交的石人沟铁矿边坡稳定性研究报告[23]中，对该矿岩体力学指标进行了较为详细的测试分析。该报告根据岩块的试验、节理统计、极限平衡反分析和费先科、霍克－布朗公式确定的岩体参数指标见表 2－2，分别为岩块强度的 1/7～1/15。

表 2－2　岩体物理力学参数指标

种类＼参数	弹性模量 /MPa	泊松比	块体密度 /g·cm^{-3}	内聚力 C/MPa	内摩擦角 φ/(°)	抗压强度 /MPa	抗拉强度 /MPa
混合花岗岩	2.84×10^4	0.25	25.26	0.88	35		0.555
黑云母角闪斜长片麻岩	4.31×10^4	0.22	27.14	0.684	36		0.903
弱层				0.1～0.2	31～33		0

该报告测试岩种为边坡岩体，没有对矿体（石英磁铁矿）和散体回填物进行强度测试和分析。对于石英磁铁矿，本书采用霍克－布朗公式计算：

$$\tau = a\sigma_c\left(\frac{\sigma}{\sigma_c} - t\right)^b \tag{2-1}$$

式中，σ_c 为完整岩块的单轴抗压强度；a、b、t 为经验常数，根据岩体质量（节理密度、风化程度、质量系数）综合确定。石英磁铁矿的 $\sigma_c = 10 \sim 13\text{MPa}$，根据岩体质量得到 $a = 0.346$，$b = 0.7$，$t = -0.0002$，相应得到 $\tau-\sigma$ 关系曲线，最终确定岩体的内聚力 $C = 2.20\text{MPa}$，内摩擦角 $\varphi = 38°$。

散体回填物的内聚力 $C=0$，为了计算方便，取值为 0.001MPa，内摩擦角 $\varphi=32°$。本书在综合参考了这次报告和本次补充试验结果后，确定了石人沟铁矿岩体物理力学性质参数，见表 2-3。

表 2-3 石人沟铁矿岩体物理力学性质参数

材料编号	岩石名称	块体密度 /g·cm^{-3}	抗压强度 /MPa	抗剪参数		变形参数		依 据
				内聚力 C/MPa	内摩擦角 φ/(°)	弹性模量 /MPa	泊松比	
1	M1 矿体	3.00	10.00	2.20	38.00	4.80×10^4	0.21	霍克-布朗公式
2	M2 矿体	3.00	13.00	2.40	38.00	4.80×10^4	0.21	霍克-布朗公式
3	黑云母角闪斜长片麻岩	2.71	9.00	0.684	36.00	4.31×10^4	0.22	1989 年边坡报告[23]
4	散体	2.00	0.2	0.001	32.00	0.10×10^4	0.32	类比法
5	断层	2.00	0.8	0.22	31.00	0.20×10^4	0.30	1989 年边坡报告[23]
6	表土	1.60	0.03	0.01	28.00	0.01×10^4	0.32	类比法

2.5 岩体长期强度的确定

石人沟铁矿露天转地下开采的首采区在南区 -60m 水平，随着地下开采的发展，采深向下延伸到 -120m 水平，这要求顶柱在 3~5 年内保持稳定，因此提出了岩体强度的时效性问题，表 2-3 给出的指标是岩体的瞬时强度，随着时间发展，岩体的强度逐渐衰减，并逐步衰减到长期强度。岩体的长期强度，可用指数型经验方程表示：

$$\sigma_t = s_\infty + (s_0 - s_\infty)e^{-at} \tag{2-2}$$

式中，σ_t 为 t 时刻的强度；s_∞ 为极限长期强度；s_0 为瞬时强度；a 为经验常数。岩体的长期强度是一种极有意义的时间效应指标，在恒定载荷长期作用下，岩体的长期强度小于瞬时强度。对于大多数岩石，s_∞/s_0 为 0.4~0.8，软的和中等坚固岩石为 0.4~0.6，坚硬岩石为 0.7~0.8，长期载荷作用下强度和时间的关系如图 2-1 所示。表 2-4 列出几种岩石的 s_∞/s_0 比值。

参考相关岩石的长期强度[23]，本书确定的岩体长期强度和瞬时强度的比值为 0.7。

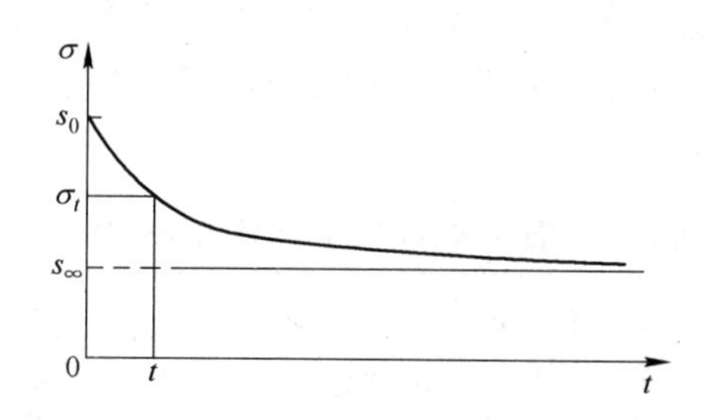

图 2－1 长期载荷作用下强度和时间的关系

表 2－4 几种岩石长期强度与瞬时强度的比值

岩石名称	黏土岩	石灰岩	盐岩	砂岩	白垩系岩	页岩
s_∞/s_0	0.74	0.73	0.70	0.65	0.62	0.50

2.6 小结

本章参考相关标准给出了石人沟铁矿岩体的结构特征描述，在实验测试的基础之上，并归纳、类比，最终确定了岩体的物理、力学参数，主要包括岩体的渗透特性参数、强度特性参数等。岩体长期强度的确定对境界顶柱长期稳定性研究具有重要意义。本章的研究为下一步理论及数值计算分析奠定了基础。

3 境界矿柱可能的破坏模式和稳定性解析评价

3.1 石人沟铁矿采空区围岩压力分布特点和可能的破坏模式

地下开采形成采空区，若围岩强度较高且空区范围小，顶柱（露天采场坑底离采空区顶部的距离）较厚，只会局部采空区顶板崩落成拱，形成的裂隙带不会波及坑底。当采空区暴露面积较大时，围岩不够稳定或其他不利因素作用（地下水下渗引起岩体强度弱化、爆破震动等），可能引起顶柱突然失稳、冒落的灾害。

分析该矿的地质条件和采矿条件：顶柱和围岩存在着天然不整合面，坑底有积水，开采将引起顶柱和围岩间不整合面的摩擦系数的减小，并诱导积水渗入采空区，进一步降低该不整合面的抗剪强度，上覆回填物的压力和水压作用将使得顶柱沿与围岩的接触面滑动脱落，造成突冒、突涌的危害。

沿矿柱走向的不同位置，矿柱倾角、宽度、厚度、顶柱的高度、地表回填物的高度差别较大，加上断层的赋存，使得采场不同位置的稳定性差别较大，分述如下：

（1）19、21、26 剖面，由于矿体厚度较窄（小于 10m），预留的顶柱高度较大，开采引起的顶柱拉应力区较小，稳定性较好。

（2）16、18、28 剖面，矿体厚度较大（10 ~ 20m），开采引起的顶柱拉应力区较大，存在失稳破坏的可能。

（3）20、25 剖面，开采将切穿断层（F8、F18），轻则由于围岩冒落和涌水影响巷道掘进，严重时将形成突冒、突涌危害。

以上分析只是提出了不同剖面的稳定程度差别和可能的破坏模式，还需要通过下面分析计算给出定量的结论。

3.2 顶柱稳定性的工程类比法

从石人沟铁矿现场的实际工程地质条件、规模和使用条件等方面出发，与国内外已建的同类工程（表 3 - 1、表 3 - 2）相比较，从而确定露天境界矿柱厚度的方法，称为工程类比法。经由“工程类比法”计算的参数，都采用有关的计算方法来进行校核。

表 3－1 国外某些矿山的安全顶柱厚度

矿 山 名 称	岩石硬度 f	采 空 区		安全顶柱厚度/m
		跨度/m	面积/m^2	
克里沃罗格	4～10	15～25	200～600	20～30
海达尔岗斯基	8～10	25～30	100～500	15～20
柴良诺夫斯基	8～16		200～2100	14～16
尼基托夫斯基	8～10	20～25		15～30
依也尔雅可夫斯基	14～16	20～30	400～500	10

表 3－2 国内外某些矿山实际境界矿柱厚度统计表

矿 山 名 称	地下开采的采矿方法	境界顶柱厚度/m
凤凰山铁矿	过渡砌深孔留矿，后改阶段崩落法	7～10
冶山铁矿	分段崩落法	无
金岭铁矿铁山区	过渡期分段空场法，后改分段崩落法	无（13）
铜山铜矿	分段空场法（留矿法），事后胶结充填	矿房顶柱
铜官山铁矿	水平分层干式充填法	矿房跨度 1/2 或 10
松树卯矿	硐室爆破阶段崩落法	无
加拿大 Kidd Creek 矿	分段空场法，嗣后胶结充填	9
加拿大 Frood Stobie 矿	分段崩落法	12m 护顶垫层
芬兰 Pyhasalmi 矿	过渡期分段空场法，后改分段崩落法	20

表3－1、表 3－2 的工程类比法，列举了国内外一些矿山安全顶柱厚度[2,3,23]和境界矿柱厚度，这些顶柱厚度的确定，主要考虑了采空区跨度和暴露面积以及围岩硬度，据此确定石人沟铁矿境界矿柱厚度，见表 3－3，结果表明，石人沟铁矿的安全顶柱厚度在 20m 以内。根据石人沟铁矿采空区围岩压力分布特点和可能的破坏模式，该矿的一些条件（不整合面、水等）没有考虑进去，所以不能认为 20m 的境界矿柱厚度就能保证该矿的安全。

其他工程经验方法见表 3－4，这些方法都是针对不同的假设条件得出的，有的考虑到空区跨度及顶柱岩体特性对安全顶柱厚度的影响（K. B. 鲁别涅依他等人的公式），有的考虑了空区跨度、顶柱抗拉特性及台阶爆破动载荷的影响（B. И. 波哥留波夫的公式），有的假设顶柱是一个两端固定的平板梁结构（平板梁理论），等等。综合以上几种方法，这些公式有较大的片面性，依据这些公式得出的顶柱安全厚度差别较大，见表 3－2，只能起到参考作用。因此，需要针对石人沟铁矿的具体条件，建立相应的解析方法。

表 3－3 工程解析法和工程类比法确定的安全顶柱厚度统计表

剖面	境界矿柱宽度 L/m	境界矿柱厚度 h_1/m	回填物厚度 h_2/m	回填物和水压力/MPa	K. B. 鲁别涅依他公式	平板梁理论	工程类比法结果
16	25	35	56	43.9	16.32	30.8	26
18	15	45	33	44	11.8	11.1	20
19	11	35	34	61.8	6.49	6	20
20	10	30	26	52	5.4	5	20
21	9	23	92	204.4	4.6	4.6	20
22	9	23	92	204.4	4.6	4.6	20
23	12	24	117	195	7.8	7	20
24	11	33	114	207.3	5.6	6	20
25	10	43	94	188	5.6	5	20
26	10	30	106	212	5.6	5	20
28	10	30	106	212	5.6	5	20

表 3－4 确定顶柱安全厚度的工程解析法统计表

方法种类	计算原理和考虑因素	应用条件
K. B. 鲁别涅依他公式	空区跨度及顶柱岩体特性（强度及构造破坏特性）对安全顶柱厚度的影响，同时也考虑了台阶上作业设备的影响	主要应用于采空区跨度一定和对岩体特性十分清楚的情况
B. И. 波哥留波夫的公式	空区跨度、顶柱岩体特性（抗拉特性）及台阶爆破动载荷的影响	在考虑采空区跨度和顶柱岩体特性的基础上，又考虑了爆破等因素的影响
平板梁理论推导	假设顶柱是一个两端固定的平板梁结构，根据材料力学的公式，推导出安全顶柱厚度公式	简化计算
松散系数理论	假设空区发生塌陷，只要顶柱厚度大于塌陷岩石填满空区所需高度就是安全的	假设顶柱破坏，岩体自然要松散造成的影响
按岩梁理论计算	把境界矿柱简化成一个梁，考虑周边条件进行计算	简化计算
工程计算法	采用的条件是把复杂的三维厚板计算简化为理想的弹性理论的平面问题	简化计算

3.3　摩尔 – 库仑极限平衡解析

采空区覆岩包括顶柱和回填物以及水压作用，可以利用微分条块的办法划分计算重力和侧边剪力，微分条块数量越多计算结果越精确。在考虑每一微分条块不同物理力学指标的同时，就可以估算采空区顶柱极限高度与下沉变形量，根据图 3 – 1 所示采空区开挖上覆岩体受力状态，得出采空区顶柱受力平衡关系如下：

开挖后，采空区上覆 n 条岩土层（对于 i 条厚度 h_i）重力与侧边剪力比值（安全系数）η 为：

$$\eta = R/W = 2\sum_{i=1}^{n}(c_i h_i/\cos\theta + \sigma_{xi} h_i \tan\Phi_i \sin\theta)/(\sum B\rho_i h_i \sin\theta + \rho_w h_w B) \tag{3-1}$$

式中，Φ_i 为内摩擦角；$\tan\Phi_i$ 为内摩擦系数；σ_{xi}：

$$\sigma_{xi} = \frac{\mu_i}{1-\mu_i}\left[\sigma_{z(i-1)} + \frac{\sigma_i h_i}{2}\right] = \frac{\mu_i}{1-\mu_i}\left(\sum_{j=1}^{i=1}\rho_j h_j + \frac{\rho_i h_i}{2}\right) \quad (i = 1,2) \tag{3-2}$$

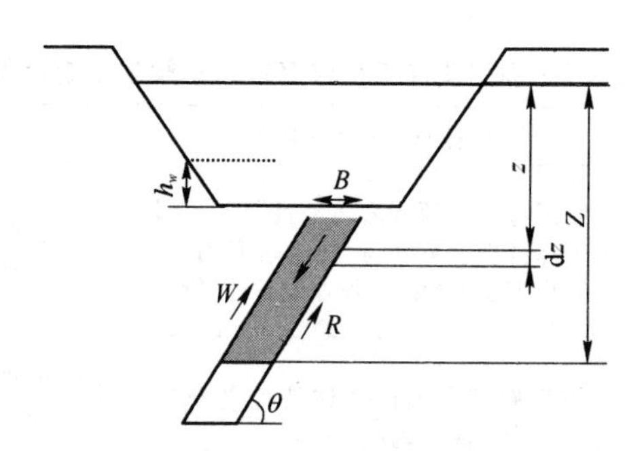

图 3 – 1　采空区开挖上覆岩体受力状态

计算参数与结果见表 3 – 5。

由于不同剖面的顶柱厚度（h_2）、顶柱宽度（B）、上覆回填物高度（h_1）和矿体倾角（θ）不同，所以各剖面安全系数不同，同时还考虑了 10m 高的水压作用，计算结果见图 3 – 2 和表 3 – 5。

计算结果表明，各个剖面稳定系数大于 1，处于稳定状态。但是 16、19、20、24 和 28 剖面由于采空区较宽（20m），其稳定系数储备小于 1.3，尤其 16、20、28 剖面的顶柱厚度相对于空区跨度来讲，不是很厚，其稳定系数储备小于 1.2，按照重大岩石工程稳定性的设计要求，稳定系数要求在 1.2 ~ 1.3 以上。显然这几个剖面稳定系数储备处于这一临界值。

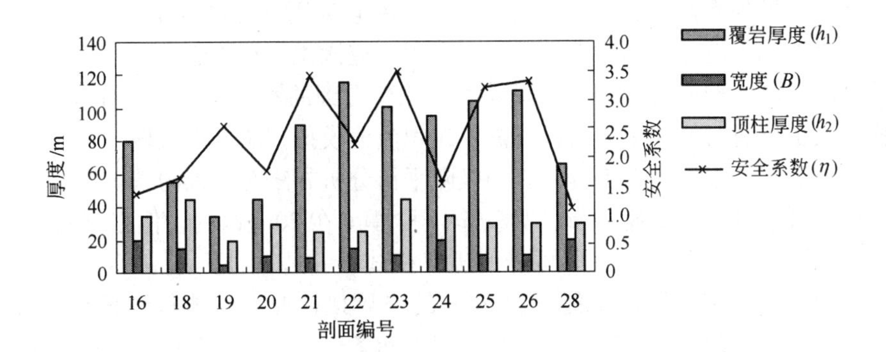

图3－2 石人沟铁矿沿矿体走向各个剖面稳定系数分布图

表3－5 各个剖面稳定系数统计表

剖面	矿脉	覆层厚度 h_1/m	矿体宽度 B/m	顶柱厚度 h_2/m	W /N·m⁻¹	R /N·m⁻¹	安全系数 R/W (η)
16	M2	65	20	35	427.01×10^5	508.17×10^5	1.19
	M1	55	10	45	222.18×10^5	537.92×10^5	2.42
18	M2	55	15	45	333.26×10^5	537.92×10^5	1.61
	M1	55	8	45	177.74×10^5	537.92×10^5	3.03
19	M2	35	5	20	61.29×10^5	154.95×10^5	2.53
	M1	35	10	20	122.58×10^5	154.95×10^5	1.26
20	M2	45	10	30	165.88×10^5	294.04×10^5	1.77
	M2	45	10	30	165.88×10^5	294.04×10^5	1.77
	M2	45	20	45	427.39×10^5	492.40×10^5	1.15
21	M2	90	8	25	184.67×10^5	627.99×10^5	3.40
	M1	95	5	20	113.25×10^5	615.23×10^5	5.43
22	M2	115	15	25	411.21×10^5	913.76×10^5	2.22
23	M2	100	10	45	300.12×10^5	1046.48×10^5	3.49
24	M2	75	20	35	444.38×10^5	555.53×10^5	1.25
25	M2	105	10	30	269.81×10^5	867.44×10^5	3.22
26	M2	80	15	65	476.16×10^5	1129.84×10^5	2.37
	M2	110	10	30	278.47×10^5	929.31×10^5	3.34
28	M2	75	20	30	435.69×10^5	541.73×10^5	1.24
	M2	65	20	30	401.05×10^5	450.50×10^5	1.13

在这个极限平衡方法中，应用了摩尔－库仑准则，即确定了潜在滑动面后，比较抗滑力和下滑力，同时考虑了水压作用，应该说比较接近实际。但是，该方法的缺陷是同一剖面的相邻矿体开采时，计算得到的水平压应力小于实际情况，这样夸大了抗滑力的作用，所以还需要应用数值模拟方法进行校核。

本节运用工程类比、工程计算和极限平衡分析方法对石人沟铁矿安全顶柱的稳定性进行了分析。类比分析认为安全顶柱厚度在20m以内，但根据石人沟铁矿采空区围岩压力分布特点和可能的破坏模式，一些其他因素（不整合面、水等）没有考虑进去，所以不能认为20m的境界顶柱厚度就能保证该矿的安全；工程计算法中各种公式因所考虑的影响因素和条件不同，计算得出的境界顶柱厚度差别较大，不能确定顶柱厚度的安全尺寸；极限平衡方法中，应用了摩尔－库仑准则，即确定了潜在滑动面后，比较抗滑力和下滑力，同时考虑了水压作用，应该说比较接近实际。但是，该方法的缺陷是同一剖面的相邻矿体开采时，计算得到的水平压应力小于实际情况，这样夸大了抗滑力的作用，所以还需要应用数值模拟方法进行校核。

4 二维稳定性及破坏机制模拟分析

建立石人沟铁矿露天转地下采场二维力学模型，应用二维快速拉格朗日大变形有限差分程序（FLAC2D）、岩石破裂过程分析系统（RFPA2D），模拟分析该矿南区采场围岩稳定状况，为露天转地下采矿安全设计提供科学依据。

4.1 FLAC2D 变形破坏分析

本次模拟分析应用比较流行的 FLAC（快速拉格朗日有限差分程序），该程序[25]的基本原理和算法与离散元相似，但它应用了节点位移连续的条件，可以对连续介质进行大变形分析，特别适合研究大变形问题。FLAC 程序可以模拟多种模型的材料，可以模拟地应力场的生成、边坡或地下硐室开挖、混凝土衬砲、锚杆或锚索设置、地下渗流等；能够计算出锚杆或锚索沿杆长的位移和应力分布，分析锚杆或锚索加固效果。

4.1.1 计算模型及方案

石人沟铁矿的矿体呈高倾角单斜赋存，沿走向矿脉的倾角和厚度不断变化，而且上覆境界矿柱和回填物的厚度也沿矿脉走向变化。取沿其走向不同位置的二维横剖面作为研究对象建模，确定了 16、21、22、24、25 和沿矿体走向纵向六个有代表性的剖面分析计算。模型宽 330m，高 240m，按每步 10m 高度开挖，只考虑上覆岩体自重应力场。用 FLAC 程序模拟石人沟铁矿开挖过程中硐室围岩和顶柱的受力及变形情况，重点分析顶柱的变形、破坏情况。

4.1.2 各个剖面计算结果

16 剖面（图 4 – 1），只在空区角端局部围岩进入塑性区，没有和坑底破坏区贯通，表明顶柱较为稳定，不会形成顶柱冒落，但空区的间柱局部发生破坏，顶柱最大下沉位移 5.5mm。

21 剖面（图 4 – 2），顶柱下侧和围岩的不整合面屈服破坏，没有和坑底破坏区贯通，稳定性较好。

22 剖面（图 4 – 3），顶柱局部进入塑性区，没有和坑底破坏区贯通，不会发生突冒灾害。

24 剖面（图 4 – 4），当矿体开挖高度 20 ~ 30m 时，顶柱上侧和围岩的不整

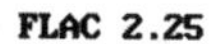
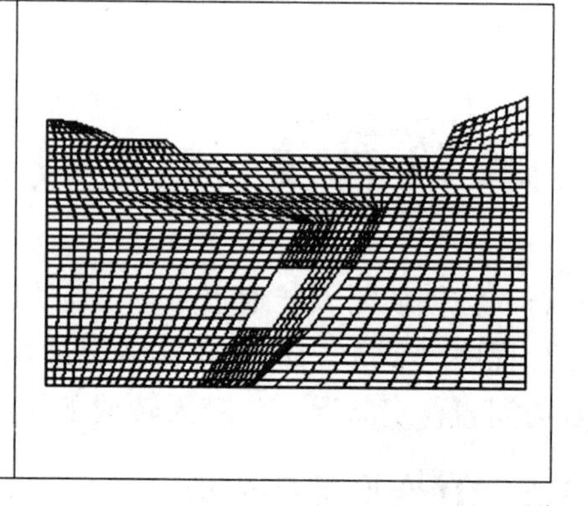
FLAC 2.25
Step 22000
Grid plot

a

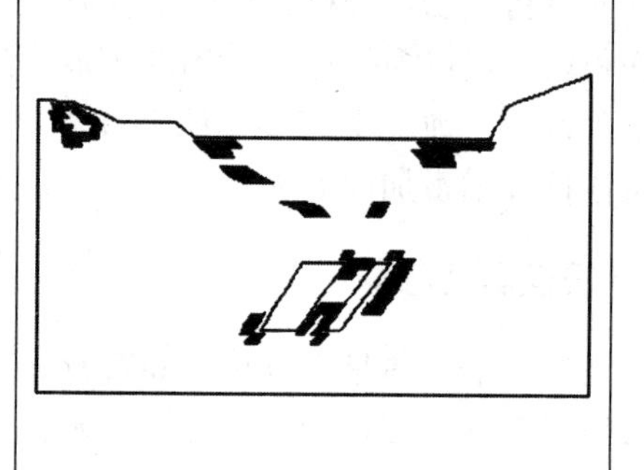
FLAC 2.25
Step 22000
Boundary plot
state
Contour interval= 1.00E-01
Minimum: 0.00E-01
Maximum: 1.90E+00

b

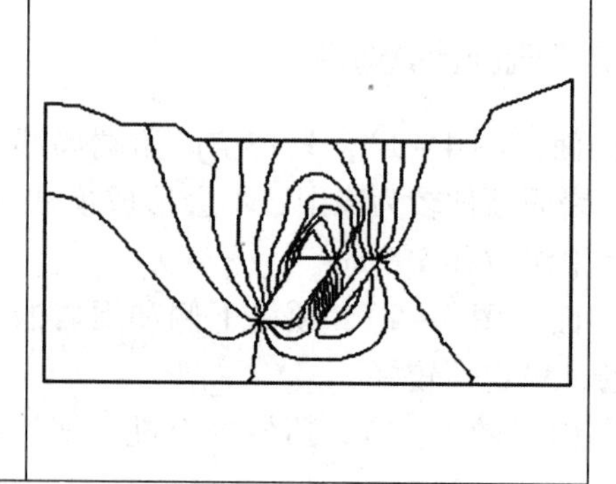
FLAC 2.25
Step 22000
Boundary plot
Y-displacement contours
Contour interval= 5.00E-04
Minimum: -5.50E-03
Maximum: 1.50E-03

c

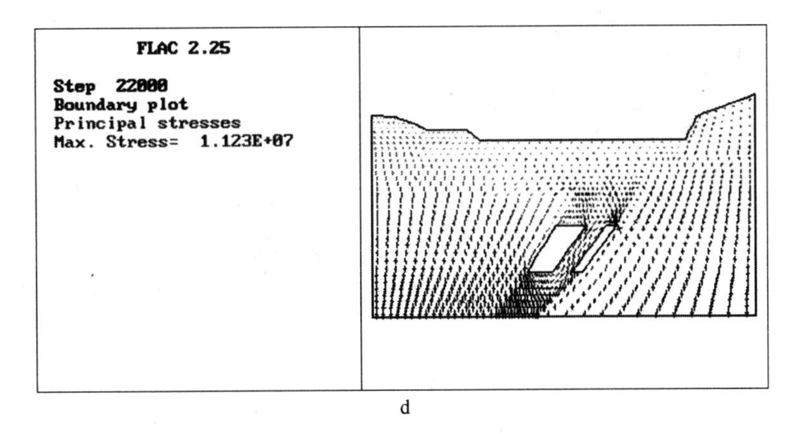

d

图 4－1 16 剖面计算结果

a—计算网格图；b—塑性区分布；c—垂直位移等值线；d—应力矢量场

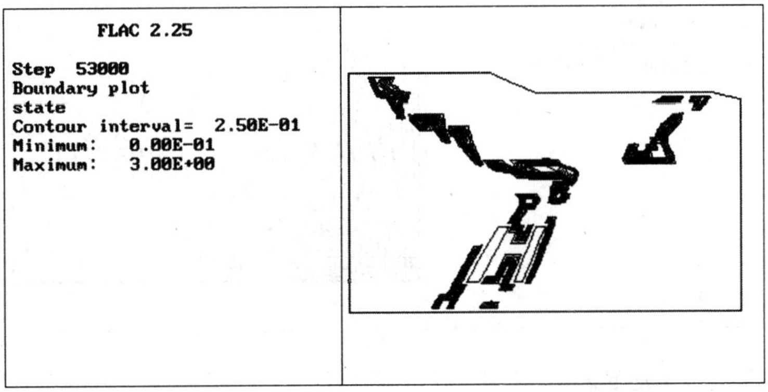

a

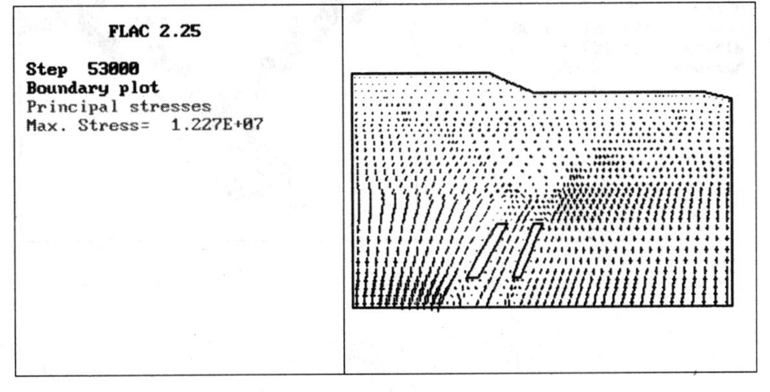

b

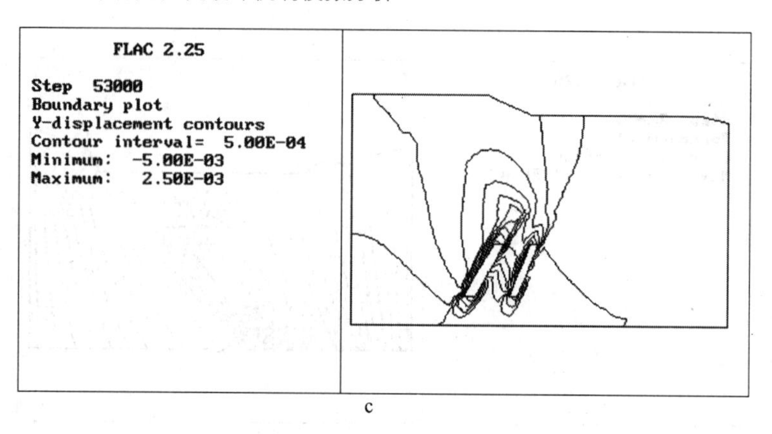

c

图 4－2　21 剖面计算结果

a—塑性区分布；b—应力矢量场；c—垂直位移等值线

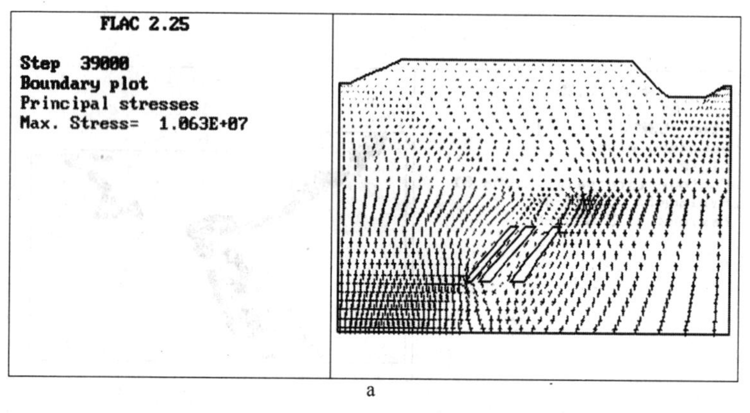

a

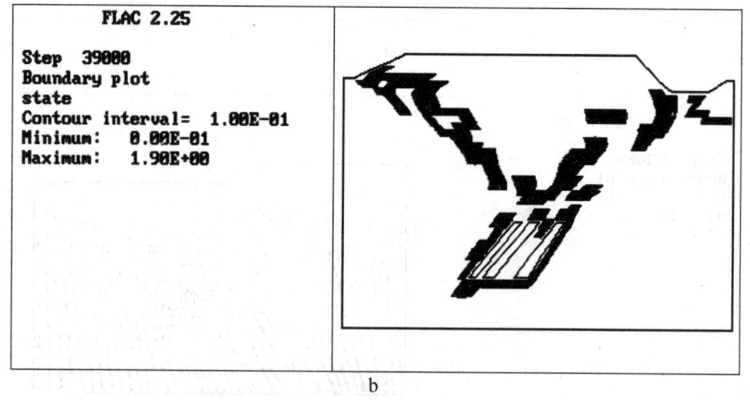

b

图 4－3　22 剖面计算结果

a—应力矢量场；b—塑性区分布

FLAC 2.25

Step 6500
Boundary plot
state
Contour interval= 1.00E-01
Minimum: 0.00E-01
Maximum: 1.90E+00

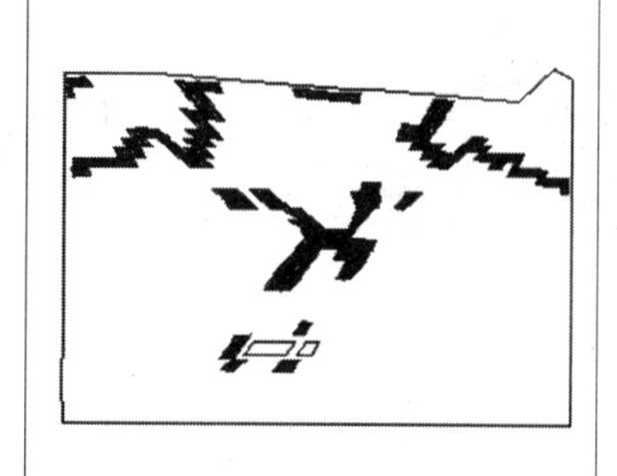

a

FLAC 2.25

Step 9000
Boundary plot
state
Contour interval= 1.00E-01
Minimum: 0.00E-01
Maximum: 1.90E+00

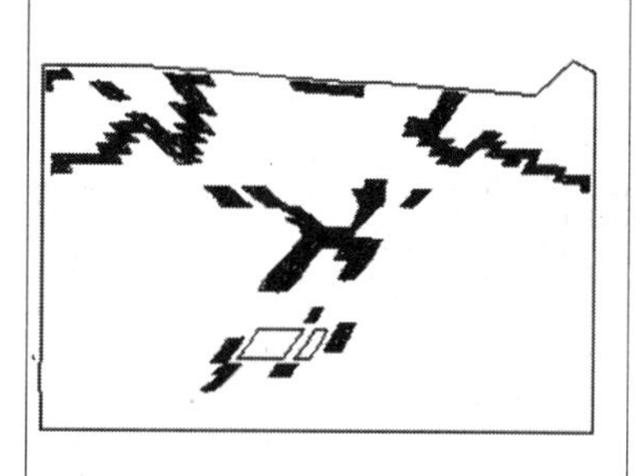

b

FLAC 2.25

Step 11500
Boundary plot
state
Contour interval= 1.00E-01
Minimum: 0.00E-01
Maximum: 1.90E+00

c

FLAC 2.25

Step 14000
Boundary plot
state
Contour interval= 1.00E-01
Minimum: 0.00E-01
Maximum: 1.90E+00

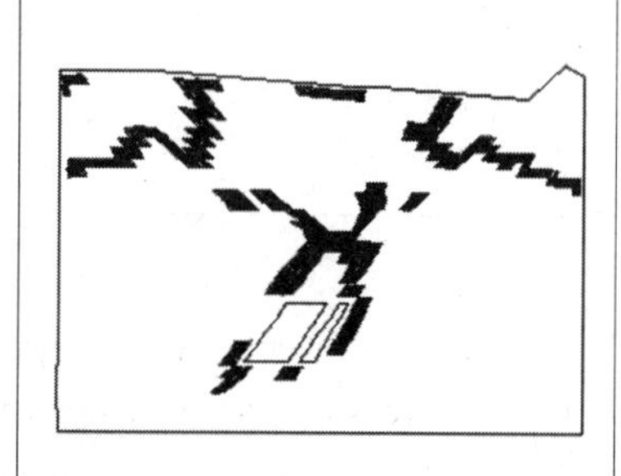

d

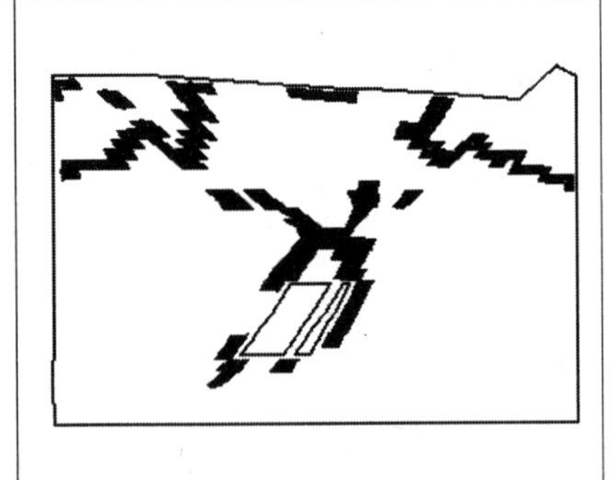

e

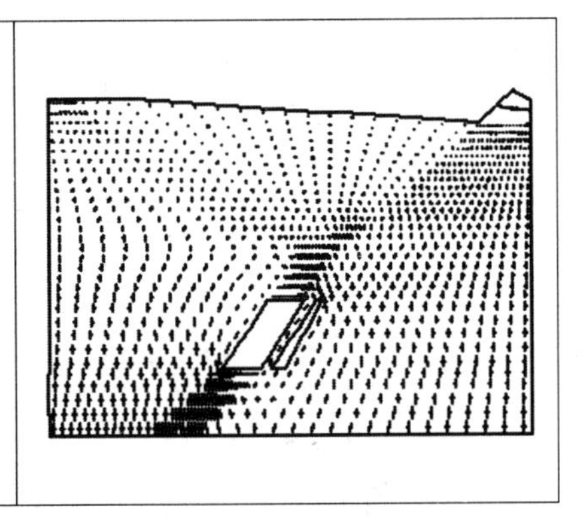

f

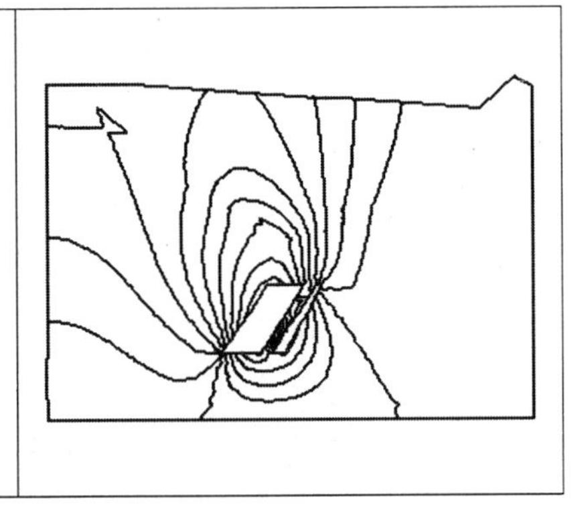

g

图 4 - 4　24 剖面计算结果

a—第一步开挖塑性区分布；b—第二步开挖塑性区分布；c—第三步开挖塑性区分布；
d—第四步开挖塑性区分布；e—第五步开挖塑性区分布；
f—第五步开挖应力矢量场；g—第五步开挖垂直位移等值线

合面屈服破坏，并随着开挖高度增加而发展，最终和坑底破坏区贯通，可能形成顶柱冒落。

25 剖面（图 4 -5），由于空区揭穿断层带，所以引起断层破坏，并引发顶柱

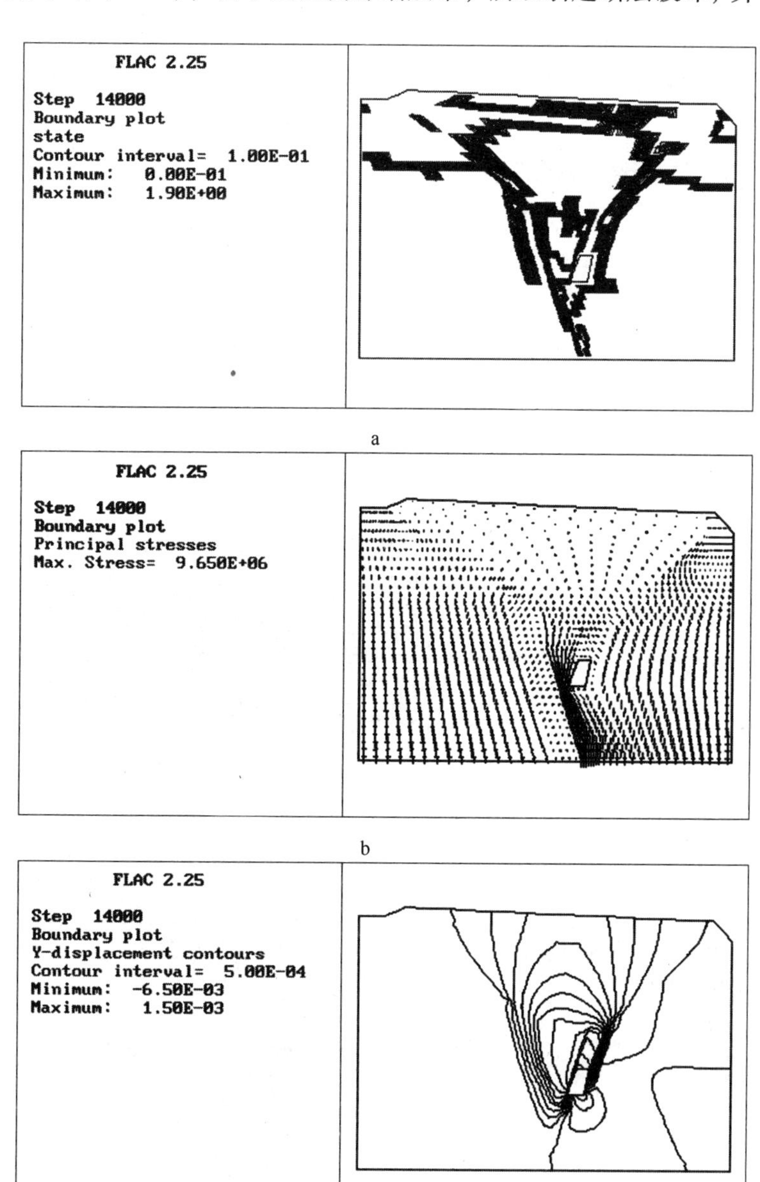

图 4 -5　25 剖面计算结果

a—开挖引起的塑性区分布；b—应力矢量场分布；c—第一步开挖塑性区分布

破坏，形成顶柱冒落。

由于该矿体开采为三维空间结构，由于矿房长度大大超过它的宽度，间柱宽度和矿房长度比很小，所以以上各个剖面计算按二维平面应变处理基本合理，但是没有考虑沿矿体走向每 50m 一个 8m 间柱的支撑作用，夸大了顶柱的破坏程度，需要建立三维模型进行校核。

4.1.3　境界顶柱少留 6m 的情况

当境界顶柱少留 6m 时，16、20、22、24、25 线计算表明（图 4－6），顶柱将产生冒落。

FLAC 2.25
Step 25000
Grid plot

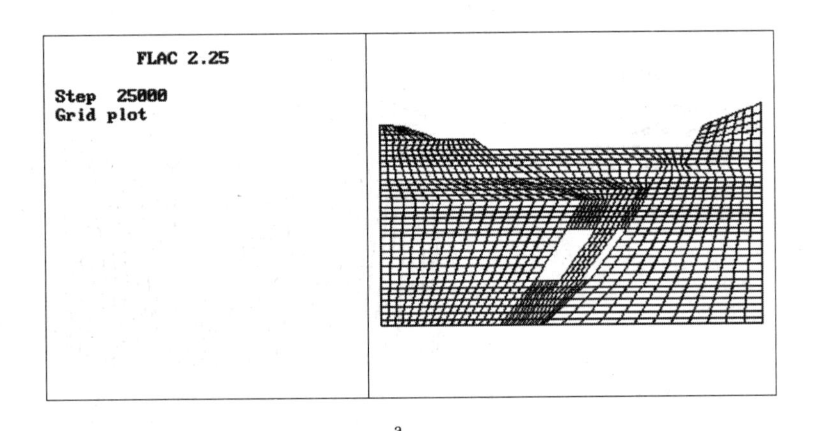

a

FLAC 2.25
Step 25000
Boundary plot
state
Contour interval= 1.00E-01
Minimum: 0.00E-01
Maximum: 1.90E+00

b

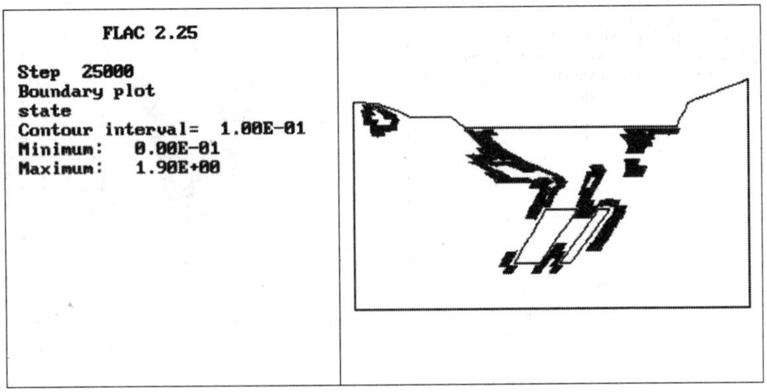

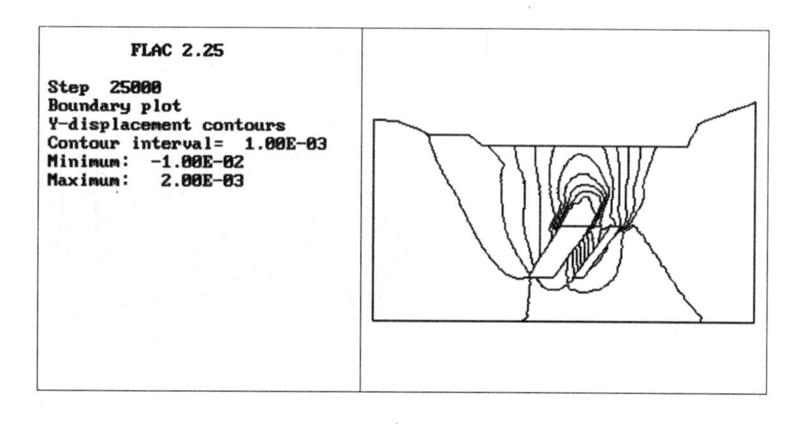

c

d

图 4－6　16 线－6～0m 剖面计算结果

a—网格图；b—塑性区分布图；c—垂直位移等值线；d—应力场分布

4.1.4 小结

结果表明：（1）当开挖高度达到 30m 时，一般巷道两侧围岩局部进入塑性区。（2）21、22 剖面顶柱两侧和围岩的不整合面极易屈服破坏，没有和坑底破坏区贯通，稳定性较好。（3）24、25 剖面，由于空区揭穿断层带,所以引起断层破坏，并引发顶柱破坏，形成顶柱冒落。（4）由于该矿体开采为三维结构，以上各个剖面计算按二维平面应变处理，没有考虑沿矿体走向每 50m 一个 8m 间柱的支撑作用，计算结果趋于保守，所以还需要用三维模型计算校核。（5）当境界顶柱少留 6m 时，16、21、22、24、25 线计算结果表明，顶柱将产生冒落，如图 4－6～图 4－10 所示。因此，除了断层位置需要采取安全措施外，设计确定境界顶柱尺寸是安全合理的。

FLAC 2.25

Step 56000
Grid plot

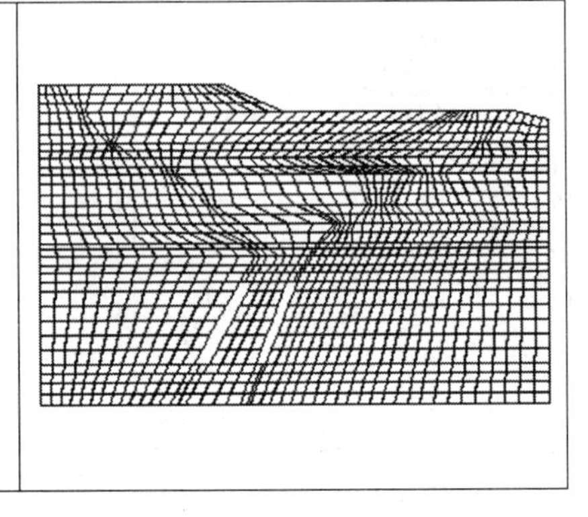

a

FLAC 2.25

Step 56000
Boundary plot
state
Contour interval= 1.00E-01
Minimum: 0.00E-01
Maximum: 1.90E+00

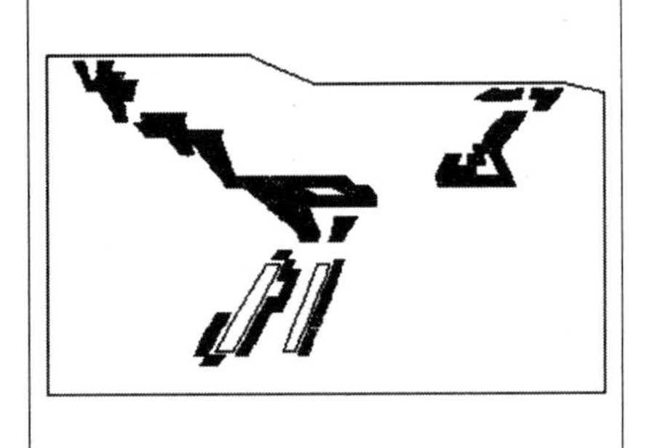

b

FLAC 2.25

Step 56000
Boundary plot
Principal stresses
Max. Stress= 8.484E+06

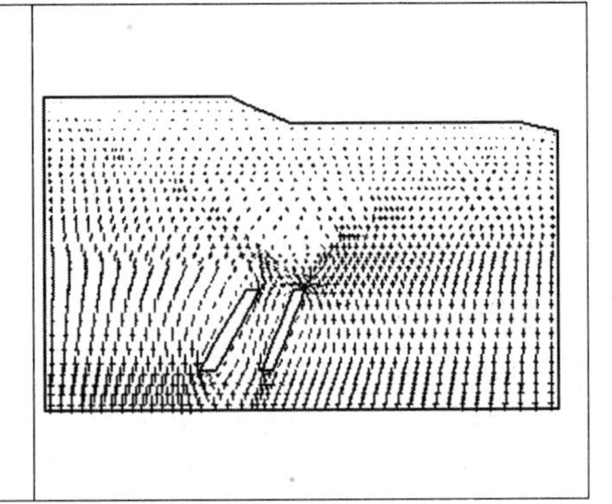

c

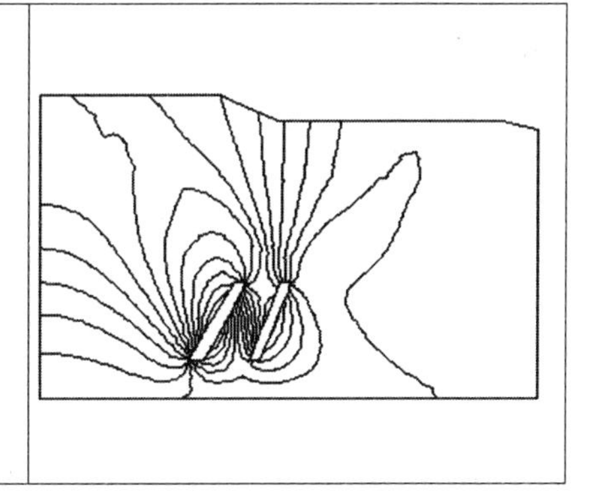

d

图 4-7 21 线 -6 ~ 0m 剖面计算结果

a—网格图；b—塑性区分布图；c—应力矢量场；d—垂直位移等值线

FLAC 2.25

Step 36000
Boundary plot
state
Contour interval= 1.00E-01
Minimum: 0.00E-01
Maximum: 1.90E+00

a

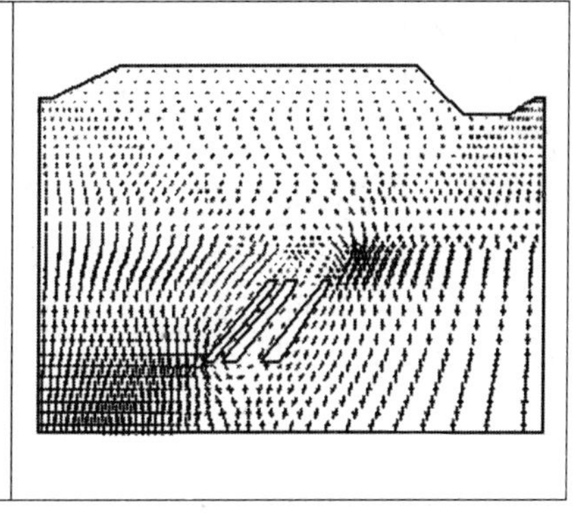

b

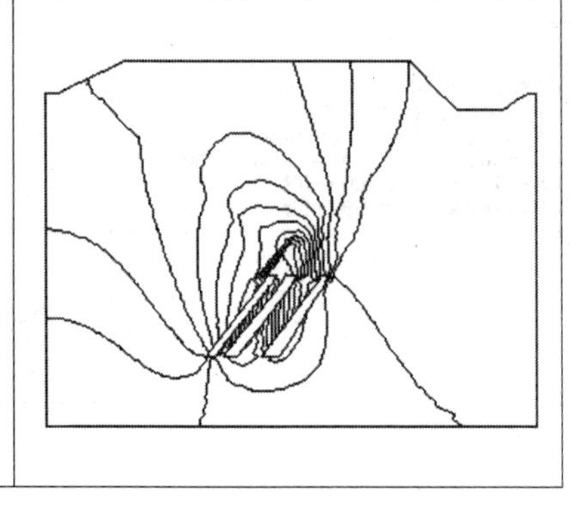

c

图4－8　22线－6～0m剖面计算结果

a—塑性区分布；b—应力矢量场；c—垂直位移等值线

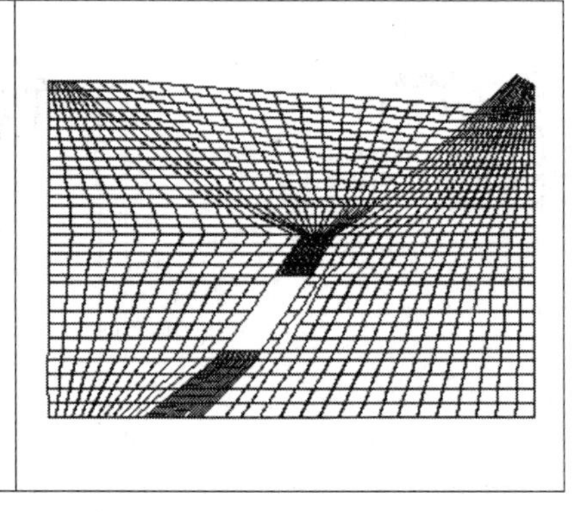

a

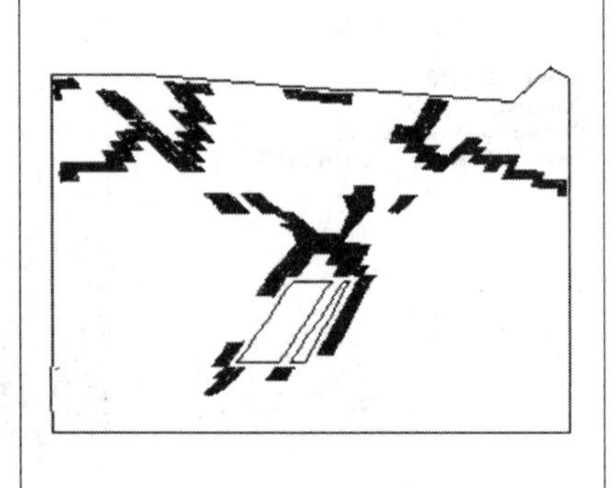

b

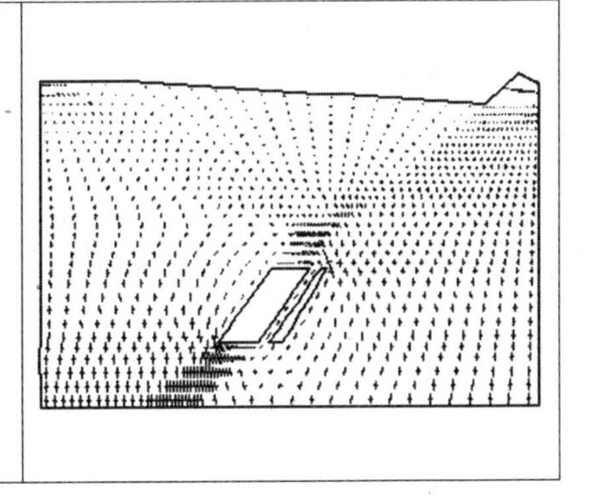

c

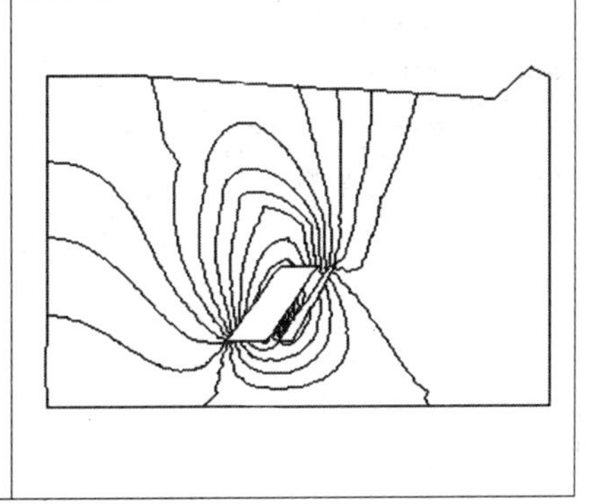

d

图 4－9 24 线 －6～0m 剖面计算结果

a—网格图；b—塑性区分布图；c—应力矢量场；d—垂直位移等值线

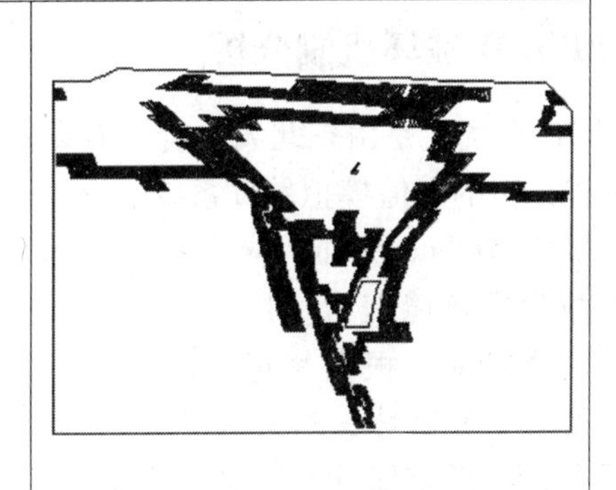

a

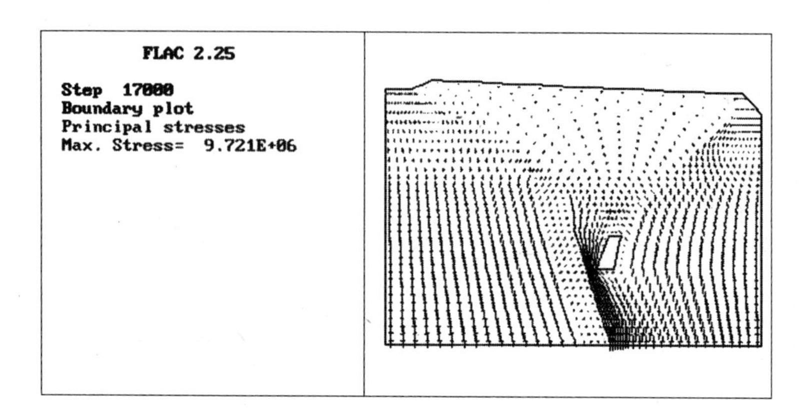

b

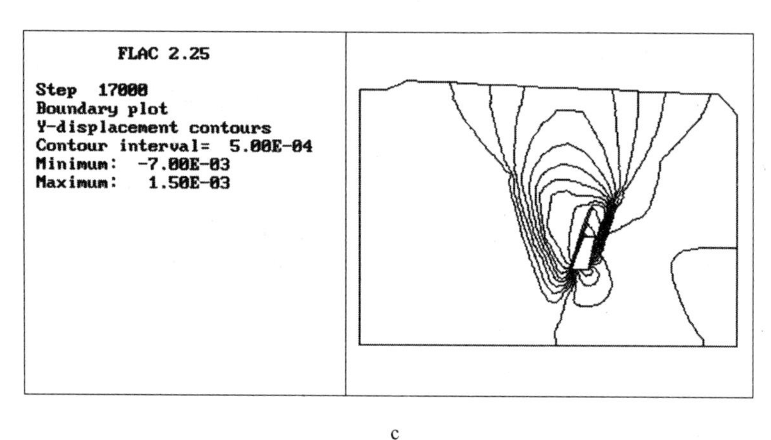

c

图 4－10　25 线 －6～0m 剖面计算结果

a—塑性区分布图；b—应力矢量场；c—垂直位移等值线

4.2　RFPA2D 破坏机制分析

RFPA2D 系统，是由东北大学岩石破裂失稳中心开发的，能够进行岩石工程破坏全过程分析的数值模拟软件系统。该系统假定组成材料各细观单元的力学性质整体上服从 Weibull 分布，应力分析求解采用有限元法进行，完成每一计算步骤在外载荷或环境因素作用下（加载、开挖、水荷载和位移边界条件的改变等）的力学响应，根据修正后的摩尔－库仑准则和最大拉应变准则来检查材料中是否有单元破坏，对破坏单元则采用弹性损伤力学的本构方程进行力学参数的弱化，之后重新计算直到应力平衡。有关 RFPA2D 系统的详细介绍见文献［26～28］。

4.2.1 计算模型及方案

取沿其走向不同位置的二维横剖面作为研究对象建模，确定了16、20、22、24、25、28六个有代表性的剖面分析计算。模型宽350m，高220m，按每步18m高度开挖，只考虑上覆岩体自重应力场。用FLAC程序模拟石人沟铁矿开挖过程中硐室围岩和顶柱的受力及变形情况，重点分析顶柱的变形、破坏情况。

4.2.2 各个剖面计算结果

16、20剖面（图4－11、图4－12），表明顶柱较为稳定，不会形成顶柱冒落。

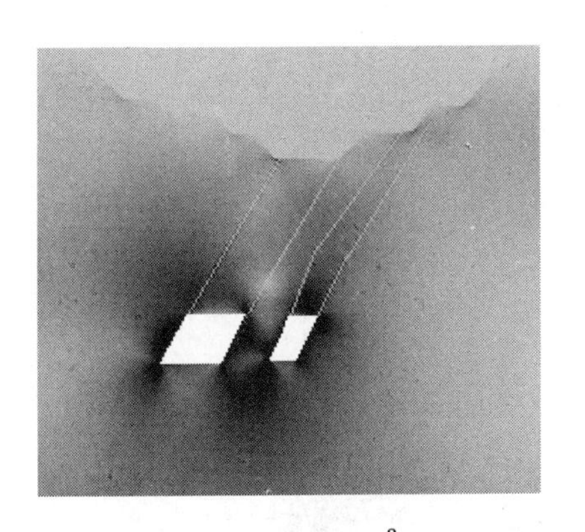

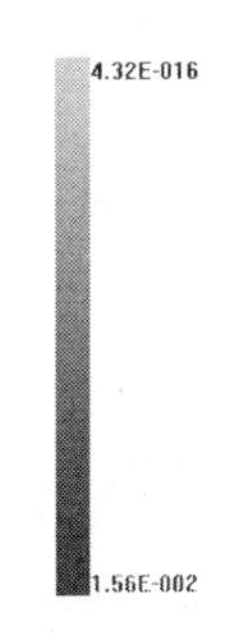

a

b

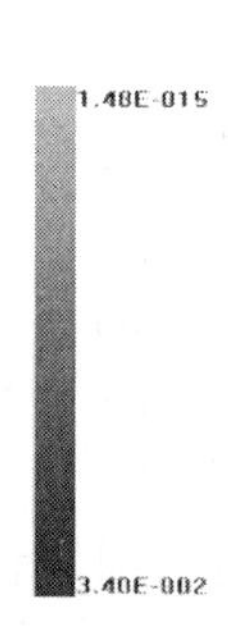

c

d

e

图 4－11　16 剖面 RFPA 计算结果

a—剪应力场和破坏区分布（亮度越高，应力越集中，第一步开挖）；
b—剪应力场和破坏区分布（亮度越高，应力越集中，第二步开挖）；
c—剪应力场和破坏区分布（亮度越高，应力越集中，第三步开挖）；
d—岩体破坏声发射分布图；e—岩体弹性模量分布图（亮度越高，量值越大）

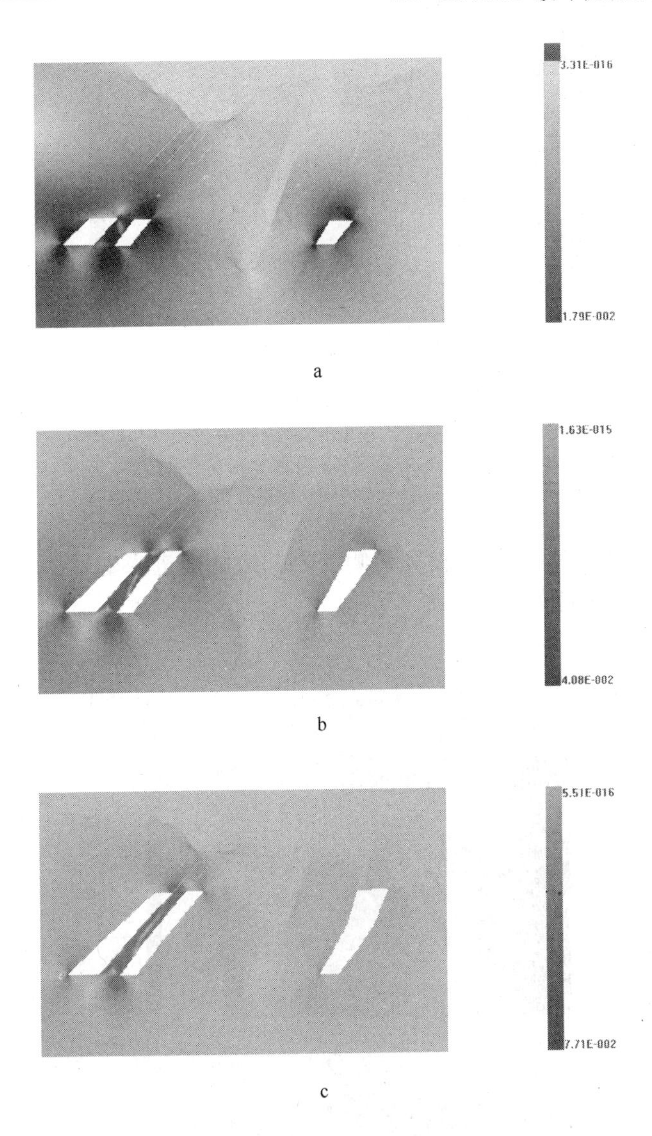

a

b

c

1.19E+000
2.00E-005

d

e

图 4－12　20 剖面 RFPA 计算结果

a—剪应力场和破坏区分布（亮度越高，应力越集中，第一步开挖）；b—剪应力场和破坏区分布（亮度越高，应力越集中，第二步开挖）；c—剪应力场和破坏区分布（亮度越高，应力越集中，第三步开挖）；d—岩体破坏声发射分布图；e—岩体弹性模量分布图（亮度越高，量值越大）

22 剖面（图 4－13），顶柱和两侧围岩的接触面进入塑性区，局部围岩可能破坏，但不会整体冒落。

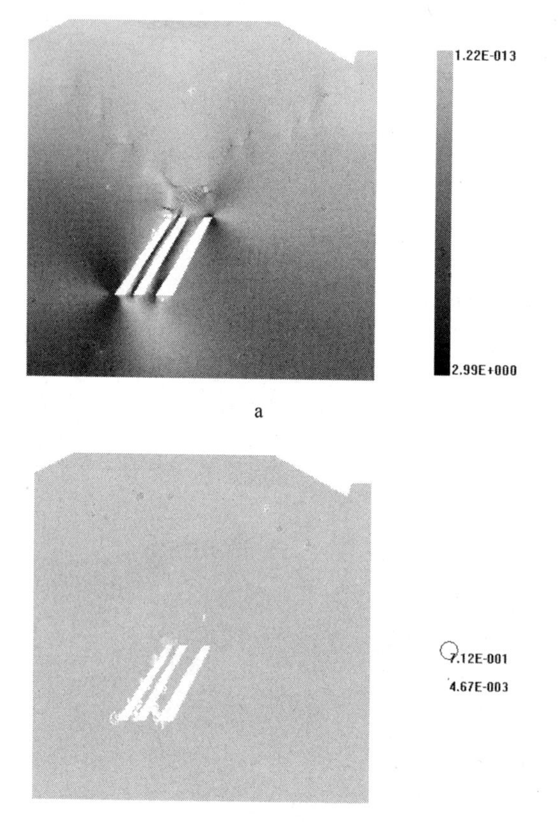

a

b

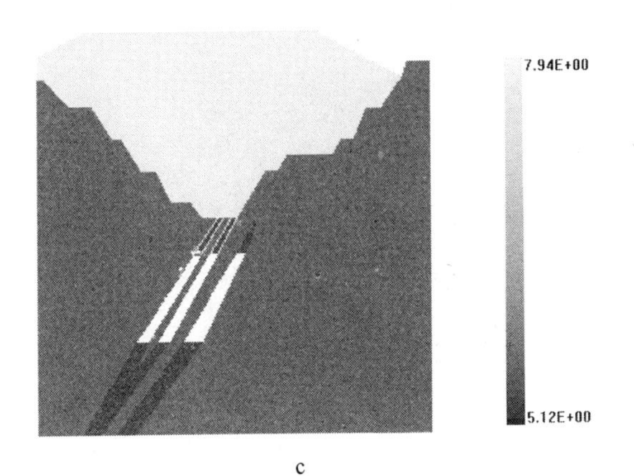

c

图 4－13　22 剖面 RFPA 计算结果

a—剪应力场和破坏区分布（亮度越高，应力越集中）；b—岩体破坏声发射分布图；
c—岩体弹性模量分布图（亮度越高，量值越大）

24 剖面（图 4－14），夹石间柱破坏，并诱发顶柱局部破坏，可能和坑底破坏区贯通。

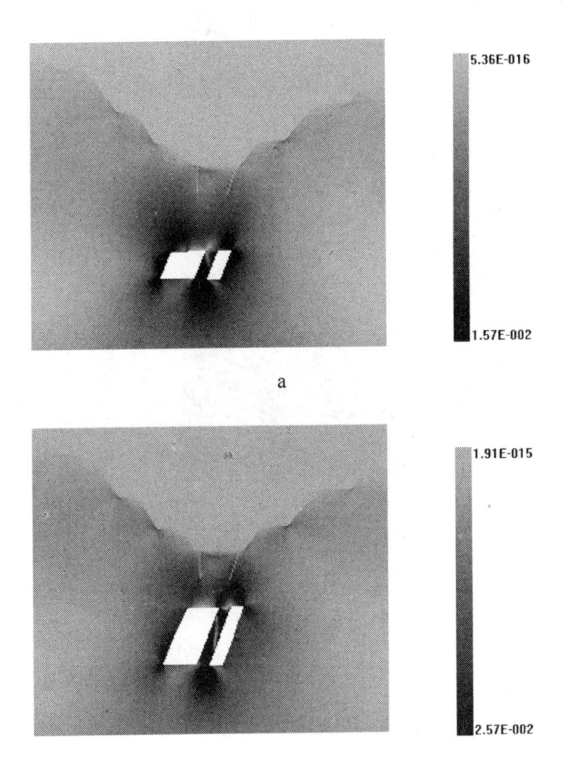

a

b

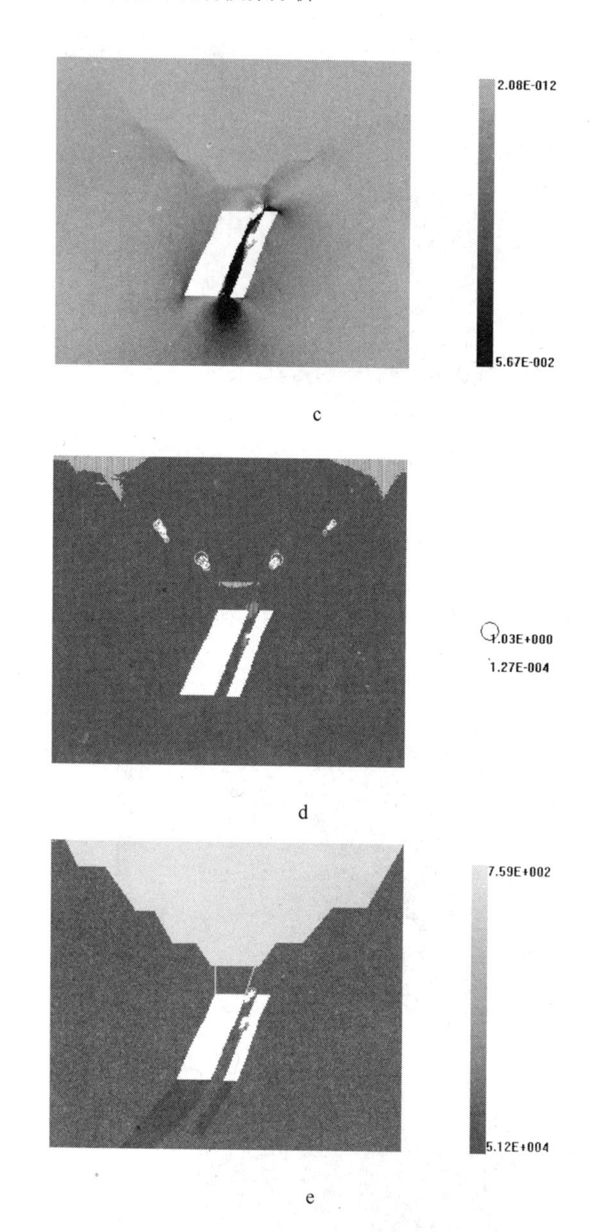

图4－14　24剖面RFPA计算结果

a—剪应力场和破坏区分布（亮度越高，应力越集中，第一步开挖）；b—剪应力场和破坏区分布（亮度越高，应力越集中，第二步开挖）；c—剪应力场和破坏区分布（亮度越高，应力越集中，第三步开挖）；d—岩体破坏声发射分布图；e—岩体弹性模量分布图（亮度越高，量值越大）

25剖面（图4－15），由于空区揭穿断层带，所以引起断层破坏，并引发顶柱破坏，形成顶柱冒落。

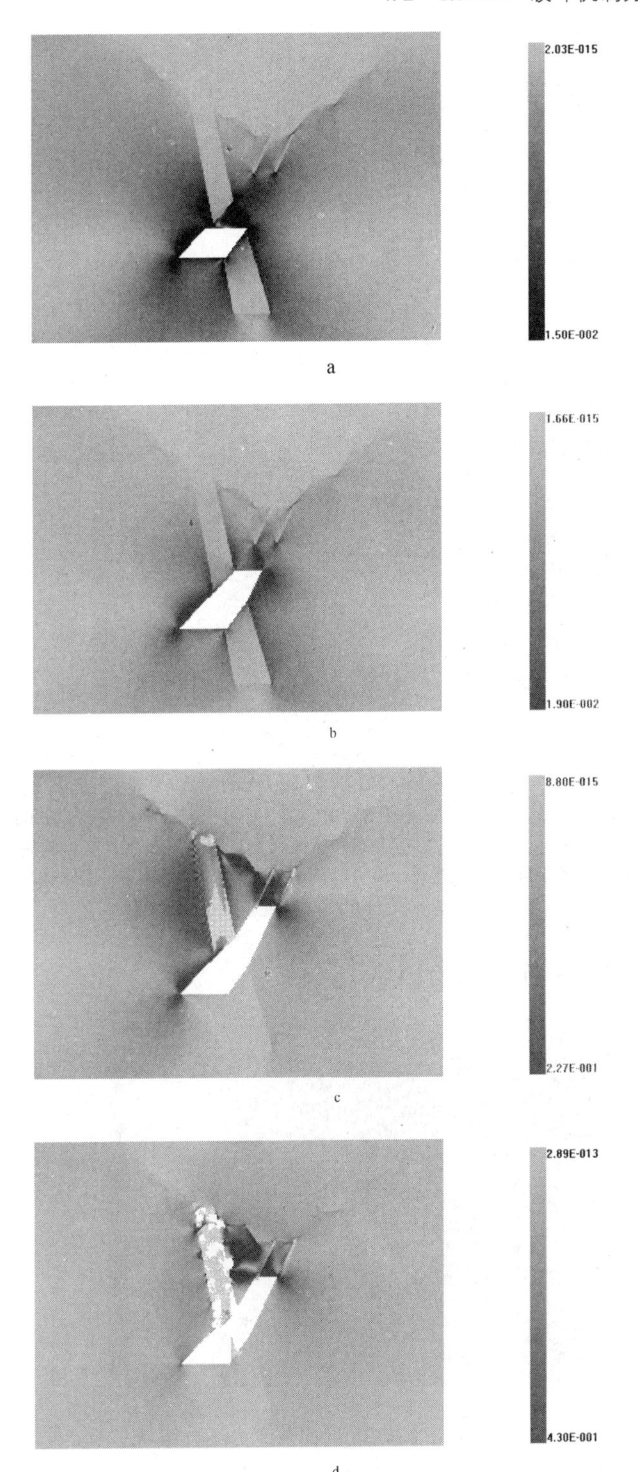
2.03E-015
1.50E-002
1.66E-015
1.90E-002
8.80E-015
2.27E-001
2.89E-013
4.30E-001

a

b

c

d

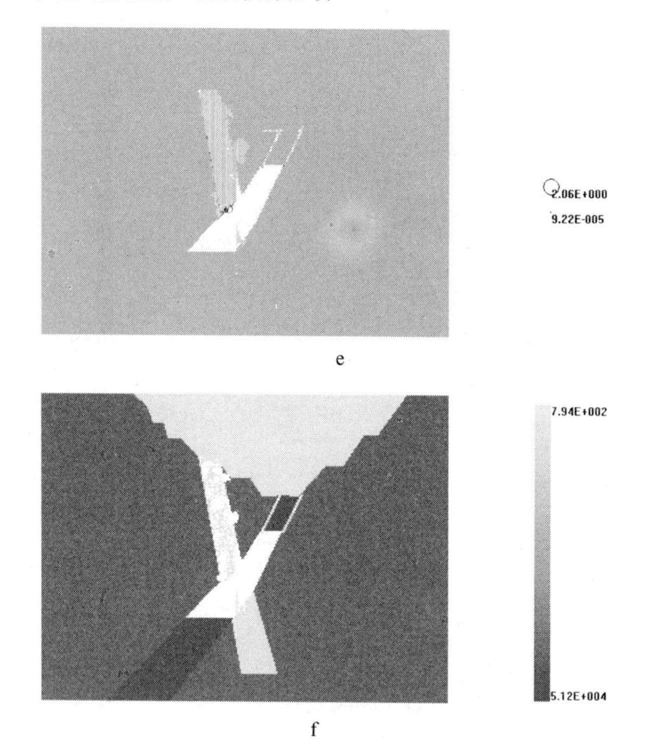

图 4 – 15　25 剖面 RFPA 计算结果

a—剪应力场和破坏区分布（亮度越高，应力越集中，第一步开挖）；b—剪应力场和破坏区分布（亮度越高，应力越集中，第二步开挖）；c—剪应力场和破坏区分布（亮度越高，应力越集中，第三步开挖）；d—剪应力场和破坏区分布（亮度越高，应力越集中，第四步开挖）；e—岩体破坏声发射分布图；f—岩体弹性模量分布图（亮度越高，量值越大）

28 剖面（图 4 – 16），没有破坏。

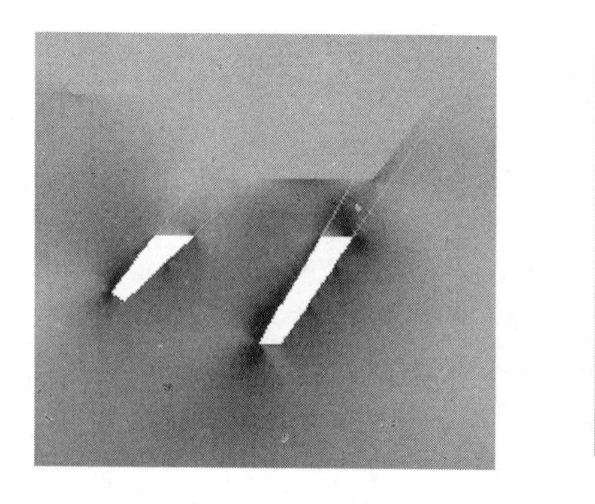

图 4 – 16　28 剖面剪应力场分布

（亮度越高，应力越集中）

计算结果表明，16、20、22 剖面稳定性较好，局部围岩可能破坏，但不会整体冒落。24 剖面存在顶柱冒落的危险性，25 剖面由于断层存在极易引发顶柱冒落，28 剖面没有破坏。

4.3 考虑水弱化作用和长期强度时稳定性分析

考虑到露天坑底水体的作用，在计算时把露天坑底 20m 左右的回填土的密度 ρ 用湿容重 ρ'（$\rho'=1.2\rho$）代替。其计算结果与不考虑水的弱化作用相比，塑性区分布、垂直位移、应力矢量分布差别不大。

石人沟铁矿地下开采首采区采用浅孔留矿法，南区 -60m 中段先回采矿房，矿房回采结束后，再回采矿柱和处理采空区。该中段服务年限为 3 年左右，矿体和围岩的强度随时间延长要降低。而顶柱在此服务年限内必须保持一定的稳定性，能够保证地下开采生产的安全进行。因此在计算顶柱稳定性时，必须考虑到顶柱的长期强度。在进行计算时，矿体和围岩的内聚力 C 和摩擦角 φ 都减小到原来的 70%。各剖面的具体计算结果如下（塑性区分布、应力矢量场和垂直位移）：

（1）16 剖面。图 4-17 是 16 剖面考虑围岩矿体长期强度后塑性区分布、垂直位移以及应力矢量场分布图，从图中可以明显看到由于围岩强度的降低，地下开采后在采空区两侧出现了条带状的塑性区，采空区角端出现破坏。在 M1 矿体采空区上方顶板局部有破坏区，并和下盘破坏区相连通，M2 矿体上方顶板并没有破坏。地下破坏区与露天坑底破坏区之间没有形成贯通，顶板具有较好的稳定性。但在矿体两侧有可能出现大的塑性区，需要加强支护。顶板最大下沉位移增大到 6.5mm。

（2）21 剖面。图 4-18 是 21 剖面考虑矿岩长期强度后的塑性区分布、垂直位移以及矢量场分布图。在顶柱局部和矿岩的不整合面发生屈服破坏，破坏区没有和露天坑底的破坏区相互贯通，稳定性较好，顶板不会发生突冒灾害。M2 矿体上盘围岩以及孔区的间柱破坏区面积较大，必须加强支护。

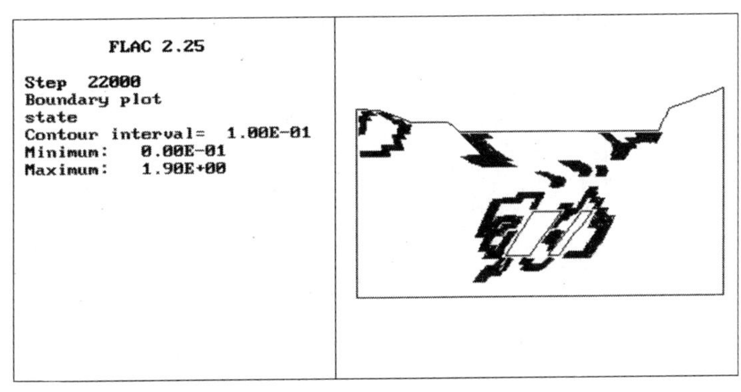

a

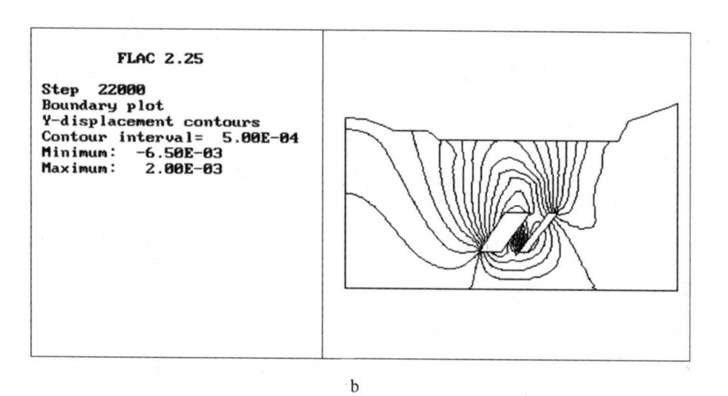

b

图 4-17　16 剖面考虑围岩矿体长期强度后计算结果

a—塑性区分布；b—应力矢量场

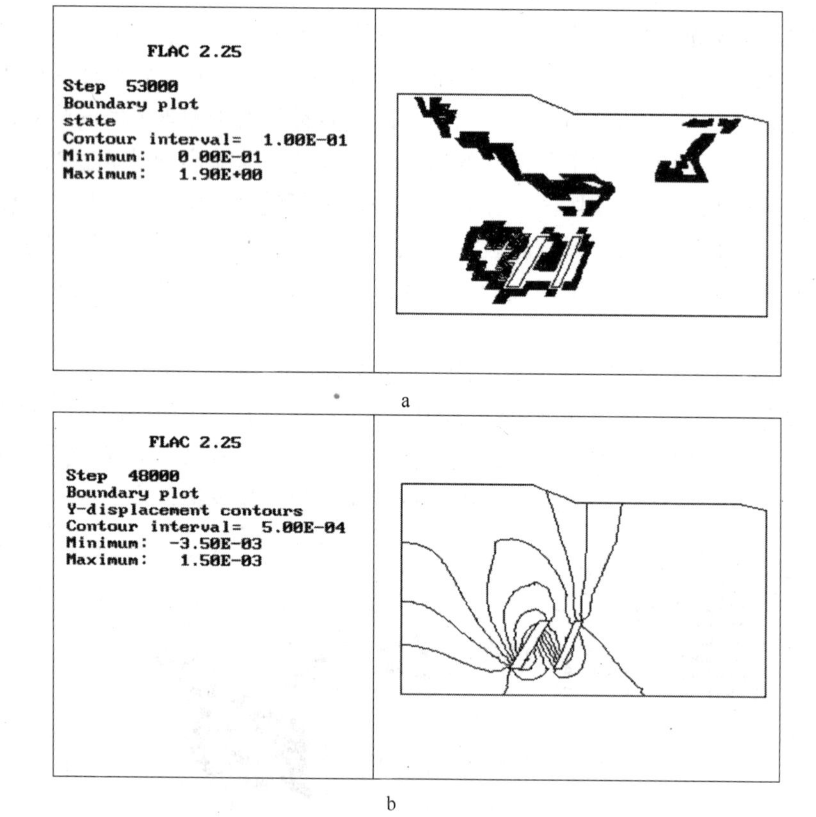

a

b

图 4-18　21 剖面考虑围岩矿体长期强度后计算结果

a—塑性区分布；b—垂直位移等值线

（3）22 剖面。图 4－19 是 22 剖面考虑矿岩长期强度计算所得的塑性区分布、垂直位移和应力矢量场分布图。由于矿岩强度降低到 70%，地下开采使得矿岩更加容易发生屈服破坏。在采空区两侧以及顶板的破坏区与露天坑底的破坏区已经相贯通，极有可能形成顶板的大面积突然冒落，造成整个采场的报废。该剖面顶板的最大下沉位移为 9.0mm。

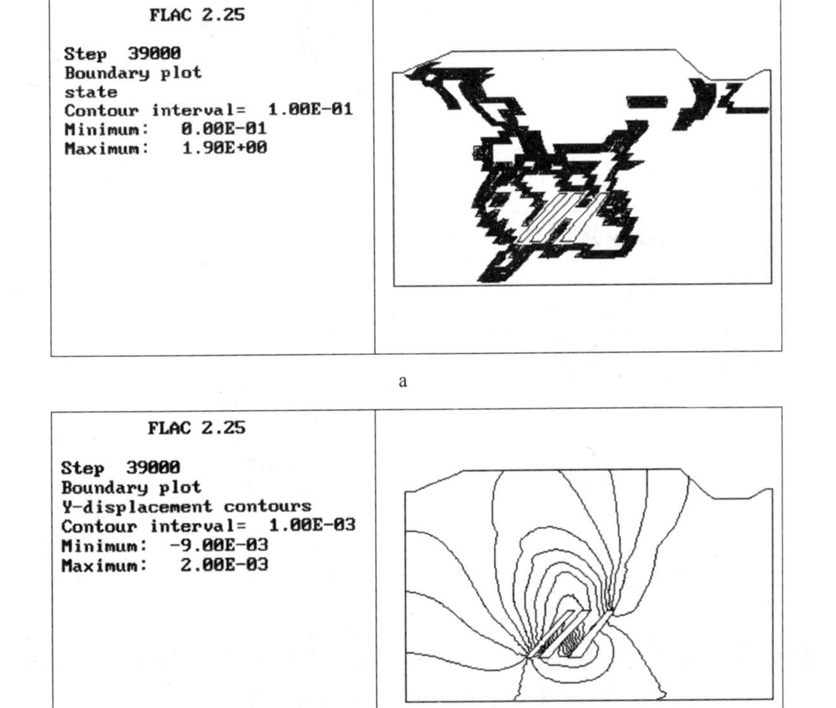

图 4－19　22 剖面考虑围岩矿体长期强度计算结果

a—塑性区分布；b—垂直位移等值线

（4）24 剖面。图 4－20 是 24 剖面考虑矿岩长期强度衰减效应后计算所得的塑性区分布、垂直位移和应力矢量场分布图。左侧采空区顶板破坏区相对较小，但是与露天坑底的破坏区以及矿体两侧的破坏区相贯通，破坏区在采空区周围几乎封闭，有可能发生大的顶板冒落。

（5）25 剖面。图 4－21 是 25 剖面考虑矿岩长期强度后计算所得的塑性区、垂直位移和应力矢量场分布图。由于断层的存在，采空区与断层相邻，开采引起断层的破坏，造成沿断层带的冒落，进而引发顶板冒落。

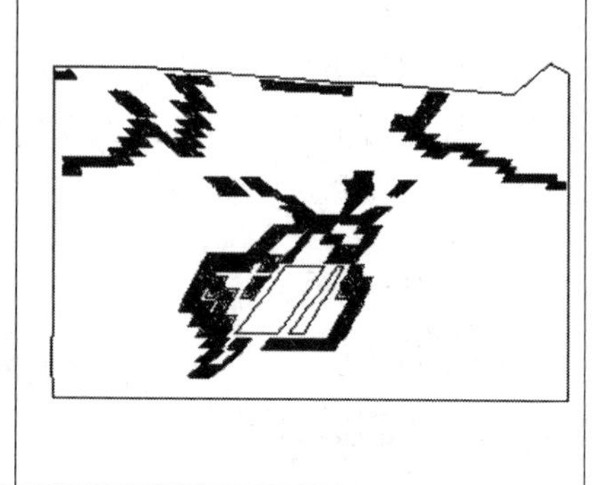

a

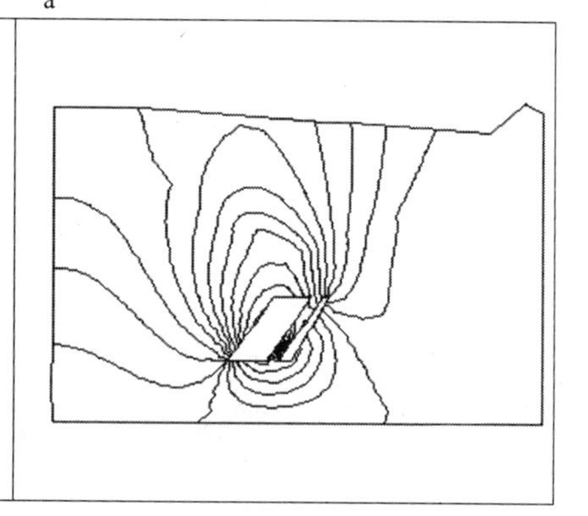

b

图 4－20 24 剖面考虑围岩矿体长期强度和露天坑底回填土水弱化后计算结果
a—塑性区分布；b—垂直位移等值线

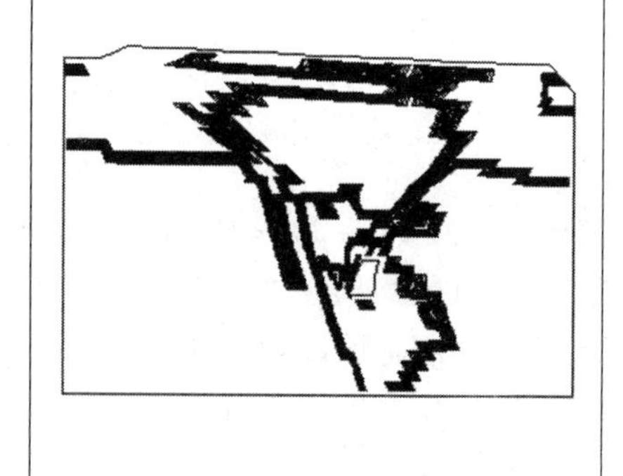

a

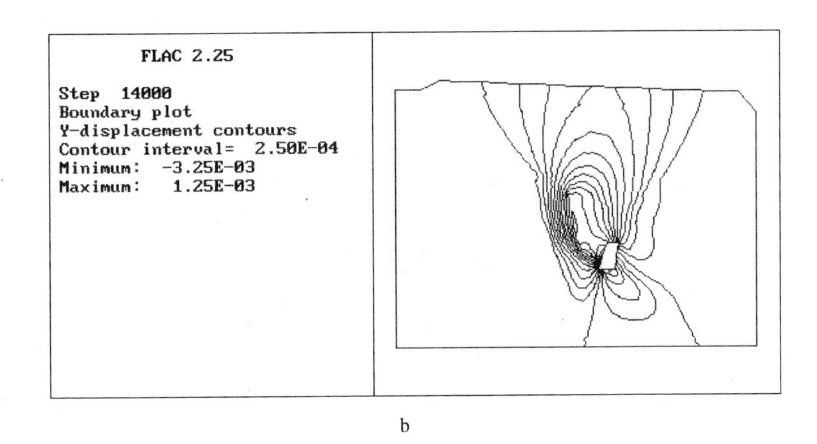

b

图 4-21 25 剖面考虑围岩矿体长期强度后计算结果
a—塑性区分布；b—垂直位移等值线

RFPA2D 稳定性及破坏机制模拟计算结果表明，当考虑顶柱之上 20m 的水压作用，顶柱围岩的塑性区分布和不考虑水压情况时差别不大；考虑顶柱围岩的长期强度，22、24、25 剖面可能发生顶柱破坏，其他剖面可以保持顶柱围岩的长期稳定。本章研究是在二维平面应变模型下进行的建模与分析，不能正确反映采场三维空间结构中间柱的支持作用，因此，下一步还需进行三维建模分析。

5 不同采矿方案情况下三维稳定性分析

石人沟铁矿地下开采时的矿房长度大大超过它的宽度，可以近似按照二维平面应变问题建模分析，但是由于矿房中有数量较多的间柱存在，而二维平面应变模型没有考虑间柱的支撑作用，所以计算结果偏于保守，本章建立三维计算模型，更为真实地模拟分析顶柱围岩的稳定性。

5.1 MSC. Patran 和 MSC. Nastran 简介

5.1.1 MSC. Patran 简介

MSC. Patran 是一个集成的并行框架式有限元前后处理及分析仿真系统，它率先将工程技术人员从繁重的计算数据准备工作中解脱出来，并能将计算结果以可视化的方式显示出来，直观而美丽。它作为一个优秀的前后处理器，具有高度的集成能力和良好的适用性，能够使用户直接从一些世界先导的 CAD/CAM 系统中获取几何建模和编辑工具，以使用户更灵活地完成模型准备。

MSC. Patran 允许用户直接在几何模型上设定载荷、边界条件、材料和单元特性，并将这些信息自动地转换成相关的有限元信息，以最大限度地减少设计过程的时间消耗，所有的分析结果均可以可视化。MSC. Patran 丰富的结果后处理功能可使用户直观地显示所有的分析结果，从而找出问题之所在，并且快速修改，为产品的开发赢得时间，提高市场的竞争力。MSC. Patran 能够提供图、表、文本、动态模拟等多种结果形式，形象逼真、准确可靠。

MSC. Patran 提供了功能全面、方便灵活的可满足各种分析精度要求的复杂有限元的建模能力。其综合全面、先进的网格划分技术，为用户根据不同的几何模型提供了多种不同的生成和定义有限元模型工具，包括：多种网格划分器、有限元模型的编辑处理、单元设定、任意梁截面建模、边界和载荷定义及交互式计算结果后处理。

MSC. Patran 提供了众多的软件接口，将世界上大部分的不同类型的分析软件和技术集于一体，为用户提供了一个公共的环境。

5.1.2 MSC. Nastran 简介

MSC. Nastran 也是 MSC 公司的产品，它是一具有高度可靠性的结构有限元分析软件，MSC. Nastran 的计算结果与其他质量规范相比已成为最高质量标准，得到有限元界的一致公认，MSC. Nastran 不但容易使用，而且具有十分强大的软件功能，有无限的解题能力。

MSC. Nastran 对于解题的自由度数、带宽或波前没有任何限制，其不但适用于中小型项目，对于处理大型工程问题也同样非常有效，并已得到了世人的公认。MSC. Nastran 已成功地解决了超过 5000000 自由度以上的实际问题。应用其单元类型和分析功能，以及更先进的用户界面和数据管理手段，进一步提高解题精度和矩阵运算效益等。MSC. Nastran 全模块化的组织结构使其不但拥有很强的分析功能而又保证很好的灵活性，用户可针对根据自己的工程问题和系统需求通过模块选择、组合获取最佳的应用系统，为世界 CAE 工业标准及最流行的大型通用结构有限元分析软件。

MSC. Nastran 的分析功能覆盖了绝大多数工程应用领域，并为用户提供了方便的模块化功能选项，MSC. Nastran 的主要功能模块有：基本分析模块（含静力、模态、屈曲、热应力、流固耦合及数据库管理等）、动力学分析模块、热传导模块、非线性分析模块、设计灵敏度分析及优化模块、超单元分析模块、气动弹性分析模块、DMAP 用户开发工具模块及高级对称分析模块。

5.2 不同采矿方案情况下的计算模型及方案

应用以上两个软件，用 MSC. Patran 对整个矿山进行建模，然后利用 MSC. Nastran 进行计算，计算结果再到 MSC. Patran 中显示，并且处理。

石人沟铁矿的模型包括回填物、围岩、矿体、断层。模型是沿着矿体走向建立的，包含 16 ~ 28 线的 1200m 的长度（模型坐标是 0 ~ 1200）；宽向是从模型坐标 -185 到 500，跨度 685m，大约是矿体跨度的 3 倍；高向是从 -200m 到回填物顶线大约高度 140m（模型示意图如图 5 -2 所示）。根据境界矿柱的位置不同，矿柱尺寸不同，矿房大小不同，共分成 9 个方案，见表 5 -1。根据软件的特点矿房一步完成，其结果应该比分步开挖应力稍大一些。本模型只考虑岩体及矿体的自重应力场。约束方式如图 5 -1、图 5 -2 所示。

表 5 -1 方案分类表

方案	方 案 名	顶柱位置/m	间柱尺寸/m	矿房尺寸/m
1	shirengou_ 0m_ 0m_ 0m	0	挖空	挖空
2	shirengou_ 0m_ 0m_ 4m	4	挖空	挖空

续表 5－1

方案	方 案 名	顶柱位置/m	间柱尺寸/m	矿房尺寸/m
3	shirengou_ 0m_ 0m_ －4m	－4	挖空	挖空
4	shirengou_ 0m_ 0m_ －6m	－6	挖空	挖空
5	shirengou_ 50m_ 8m_ 0m	0	8	42
6	shirengou_ 50m_ 8m_ 2m	2	8	42
7	shirengou_ 50m_ 8m_ 4m	4	8	42
8	shirengou_ 50m_ 8m_ －4m	－4	8	42
9	shirengou_ 50m_ 8m_ －6m	－6	8	42

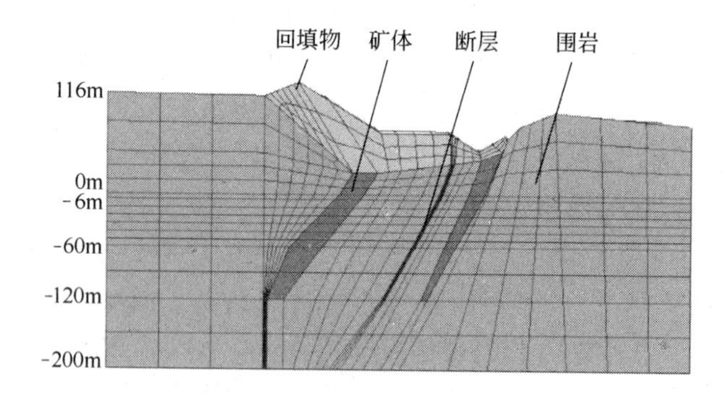

图 5－1　剖面网格示意图

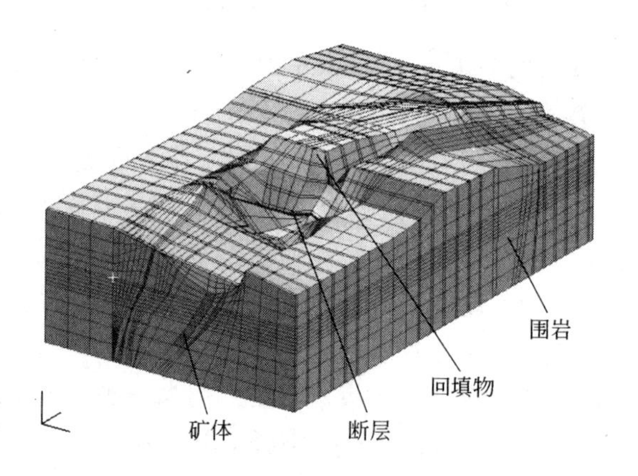

图 5－2　立体网格示意图

5.3　不同采矿方案情况下的计算结果及分析

模型中使用的物理力学性质参数见表 2－3，通过对各个方案的模型进行计算，得到了各方案的最大剪应力图、最小主应力图，为了便于同其他的2D结果进行比较，从每个方案中选出20、26两个最危险的剖面，分析其最大剪应力图和最小主应力图中最大危险值及其位置。

5.3.1 采矿方案一

境界顶柱在0m位置，不留矿柱，垂直方向从0～－60m，沿矿脉走向0～1200m这个区域全部挖空，其危险剖面及应力值见表5－2，其中最大剪应力最危险剖面为19、20、21和26，最小主应力最危险剖面为20、24和26，如图5－3、图5－4所示。

表5－2 方案一采矿模型参数和计算结果

方案数	方案名	顶柱位置/m	间柱尺寸/m	矿房尺寸/m	最大剪应力危险剖面	危险剖面最大剪应力/MPa	最小主应力危险剖面	危险剖面最小主应力/MPa
1	shirengou_ 0m_ 0m_ 0m	0	0	挖空	19 20 21 26（25）	0.515 0.6761 0.5118 0.6722	20 24 26	15.1 11.27 13.18

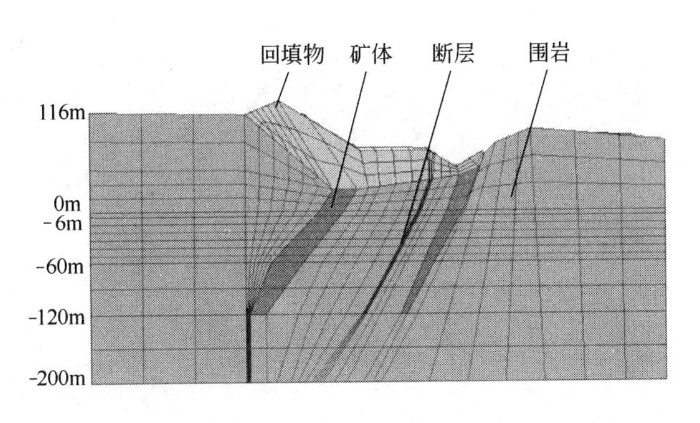

图5－3 20剖面网格图

20线剖面最大剪应力位于采空区的两侧，标高为－120m处，其值为0.63MPa，顶板处的剪力为0.27MPa，最小主应力位于采空区的两侧，标高为－120m处，其值为－1.41MPa，顶板处的拉应力值为－0.65MPa，表明该剖面采空区的两侧将产生破坏，顶柱围岩没有破坏，和二维分析结果一致，如图5－5所示。

26线剖面最大剪应力和最小主应力位于采空区的两侧，标高为－120m处，剪应力值为0.32MPa，拉应力值为－0.75MPa，顶柱围岩的剪应力值为

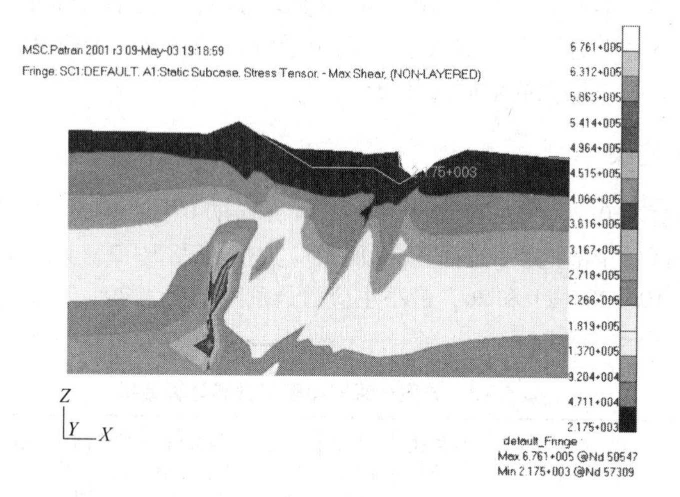

图 5－4　20 剖面最大剪应力图

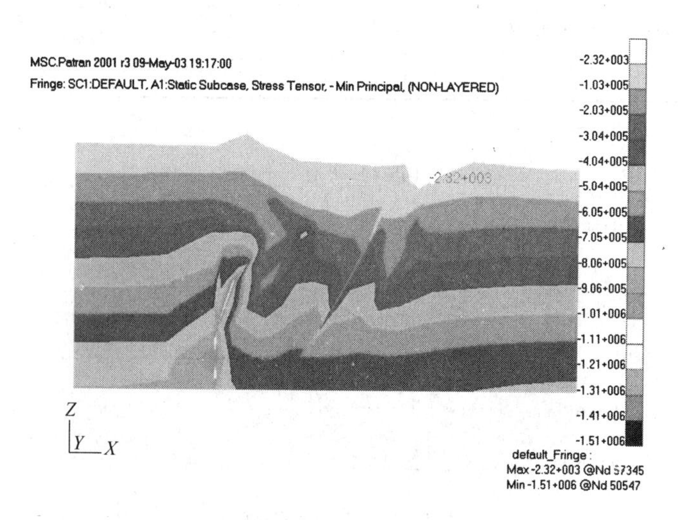

图 5－5　20 剖面最小主应力图

0.18MPa，拉应力值为－0.38MPa，表明该剖面采空区的两侧将产生拉破坏，顶柱围岩没有破坏，如图 5－6～图 5－8 所示。

5.3.2　采矿方案二

境界顶柱在 4m 位置，不留矿柱，垂直方向从 4～－60m，沿矿脉走向 0～1200m 这个区域全部挖空，其危险剖面及应力值见表 5－3，其中最大剪应力最危险剖面为 19、20 和 26，最小主应力最危险剖面为 20 和 26，如图 5－9～图 5－14 所示。

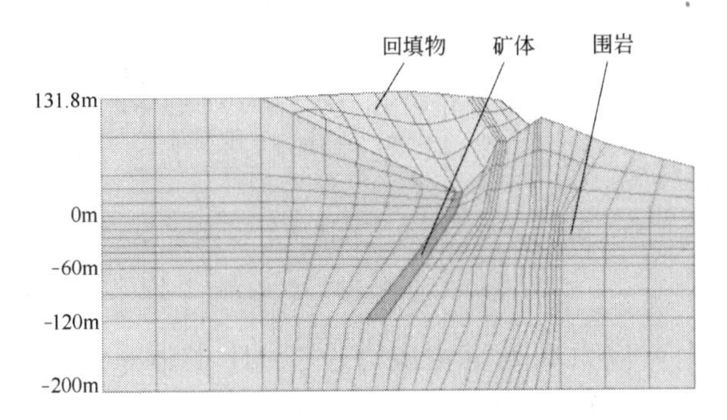

图 5-6 26 剖面网格图

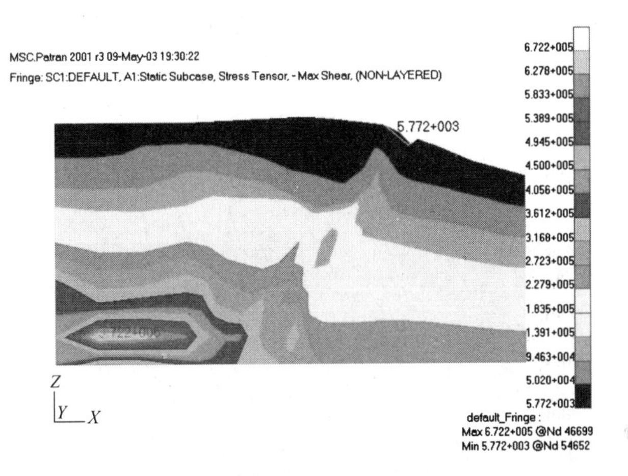

图 5-7 26 剖面最大剪应力图

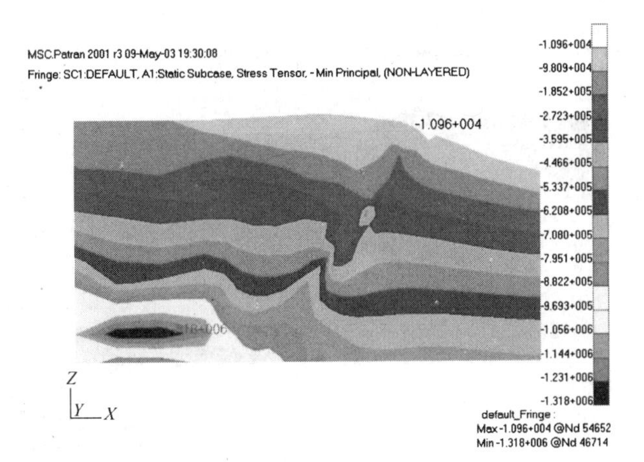

图 5-8 26 剖面最小主应力图

表 5 - 3 方案二采矿模型参数和计算结果

方案数	方 案 名	顶柱位置/m	间柱尺寸/m	矿房尺寸/m	最大剪应力危险剖面	危险剖面最大剪应力/MPa	最小主应力危险剖面	危险剖面最小主应力/MPa
2	shirengou_ 0m_ 0m_ 4m	4	0	挖空	19 20 26	0.520 0.702 0.849	20 26	1.57 1.40

20 线剖面最大剪应力和最小主应力位于 M1 矿体采空区的两侧，标高为 -120m处，剪应力值为0.66MPa，拉应力值为 -1.47MPa，顶柱围岩的剪应力值为0.38MPa，拉应力值为 -0.74MPa，表明该剖面采空区的两侧将产生拉破坏，顶柱围岩也将破坏，可见减小 4m 的顶柱厚度将引起顶柱破坏，如图 5 - 9 ~ 图 5 - 11 所示。

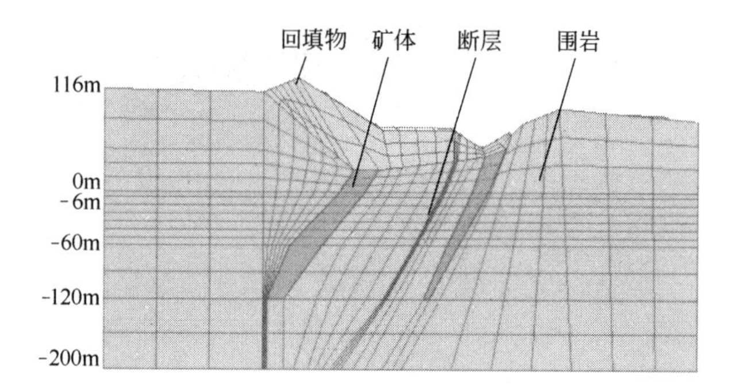

图 5 - 9 20 剖面网格图

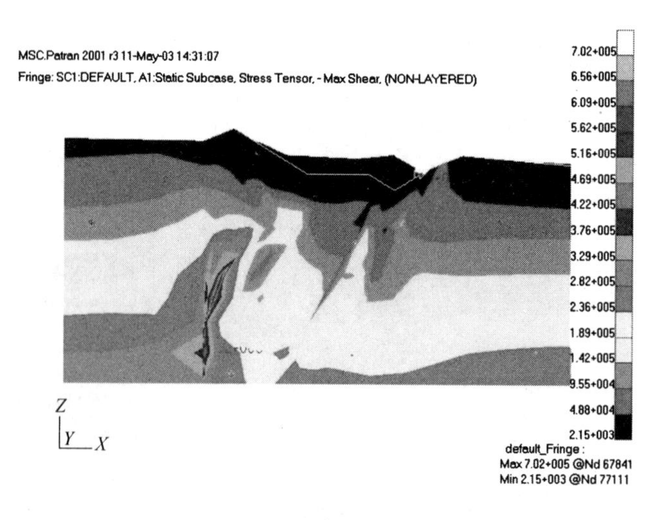

图 5 - 10 20 剖面最大剪应力图

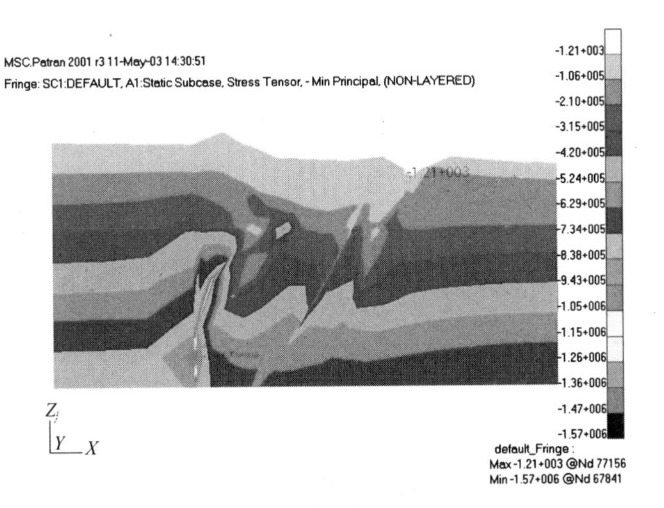

图 5-11 20 剖面最小主应力图

26 线剖面最大剪应力和最小主应力位于采空区的两侧，标高为 -120m 处，剪应力值为 0.57MPa，拉应力值为 -0.85MPa，顶柱围岩的剪应力值为 0.23MPa，拉应力值为 -0.47MPa，表明该剖面采空区的两侧将产生破坏，顶柱围岩没有破坏，但减小 4m 的顶柱厚度将引起顶柱围岩应力集中程度增高，当考虑长期强度时（强度衰减 70%），顶柱围岩破坏，如图 5-12 ~ 图 5-14 所示。

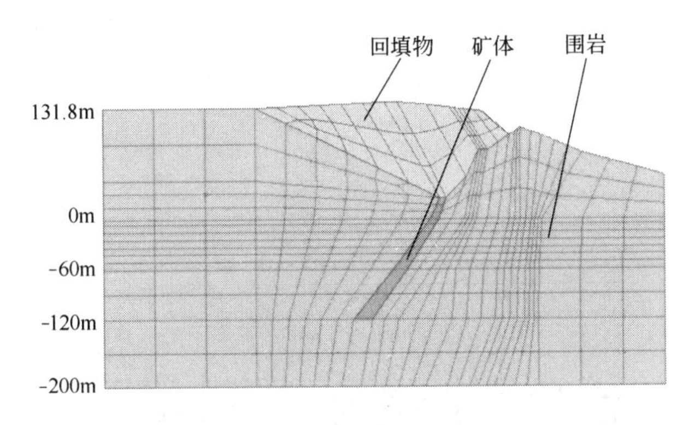

图 5-12 26 剖面网格图

5.3.3 采矿方案三

境界顶柱在 -4m 位置，不留矿柱，垂直方向从 -4 ~ -60m，沿矿脉走向 0 ~ 1200m 这个区域全部挖空，其危险剖面及应力值见表 5-4，其中最大剪应力最危险剖面为 19、20、21、22 和 26，最小主应力最危险剖面为 20 和 26，如图 5-15 ~ 图 5-20 所示。

表 5－4　方案三采矿模型参数和计算结果

方案数	方 案 名	顶柱位置/m	间柱尺寸/m	矿房尺寸/m	最大剪应力危险剖面	危险剖面最大剪应力/MPa	最小主应力危险剖面	危险剖面最小主应力/MPa
3	shirengou_ 0m_ 0m_ －4m	－4	0	挖空	19 20 21 22 26	0.520 0.696 0.507 0.533 0.850	20 26	1.56 1.41

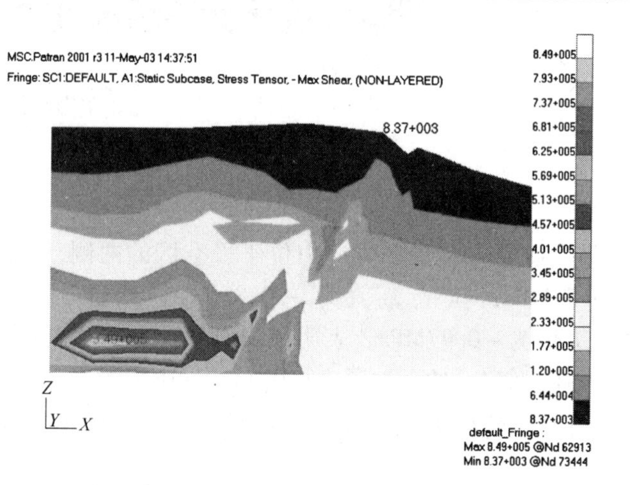

图 5－13　26 剖面最大剪应力图

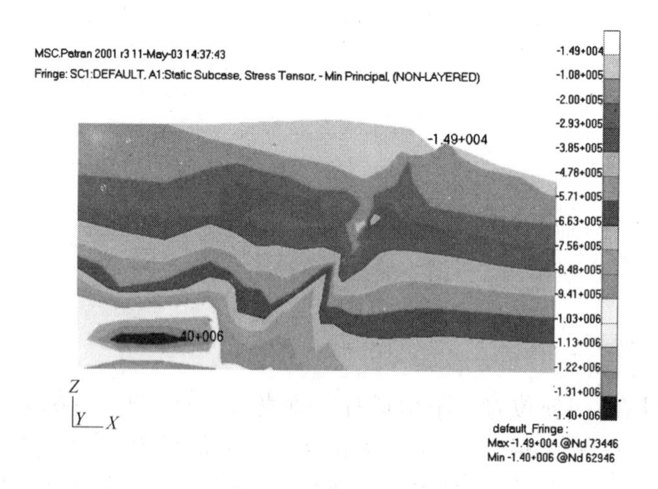

图 5－14　26 剖面最小主应力图

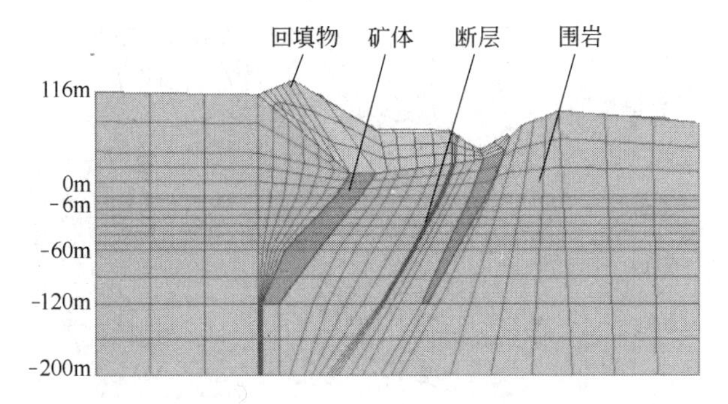

图 5－15 20 剖面网格图

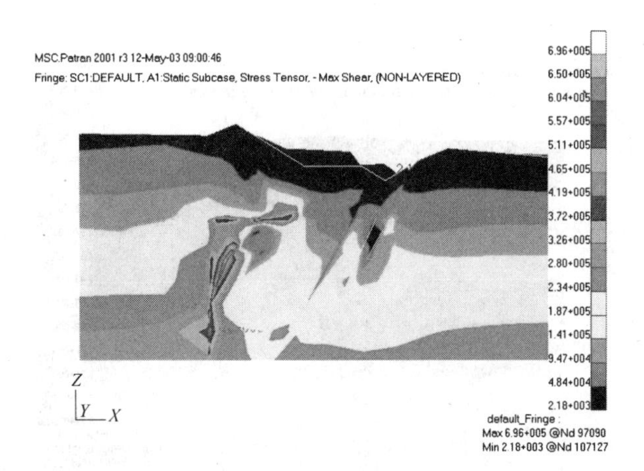

图 5－16 20 剖面最大剪应力图

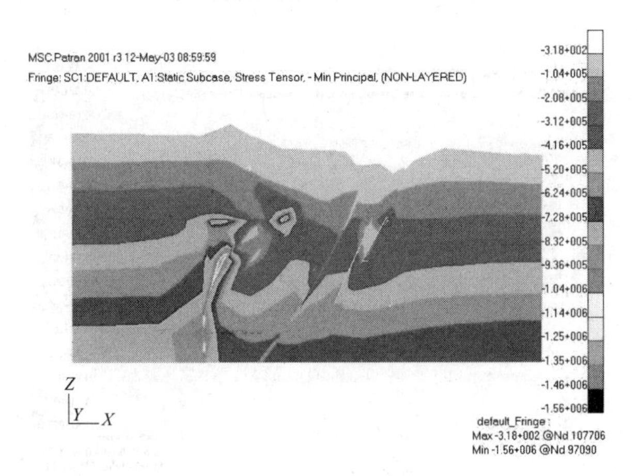

图 5－17 20 剖面最小主应力图

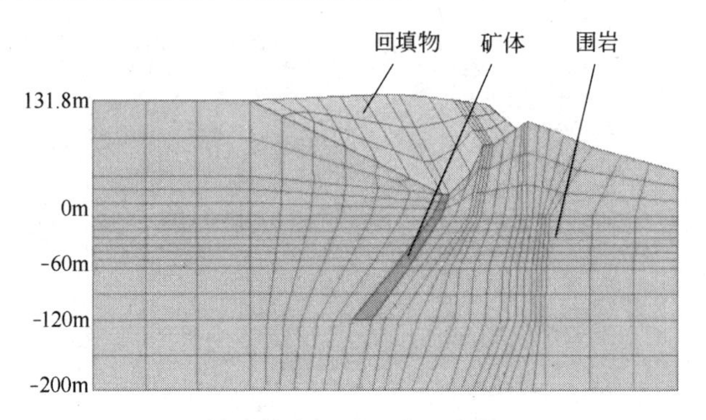

图 5－18　26 剖面网格图

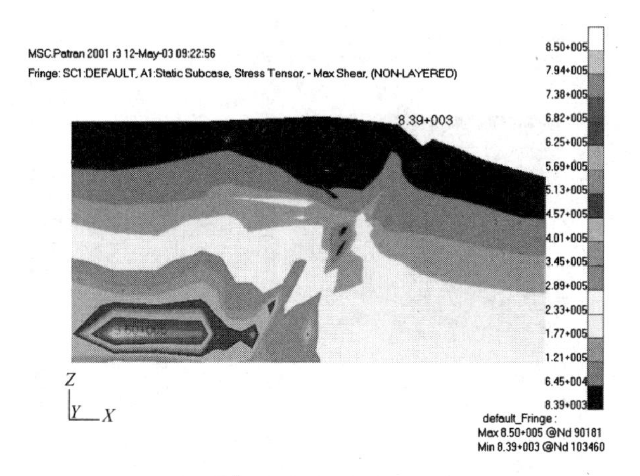

图 5－19　26 剖面最大剪应力图

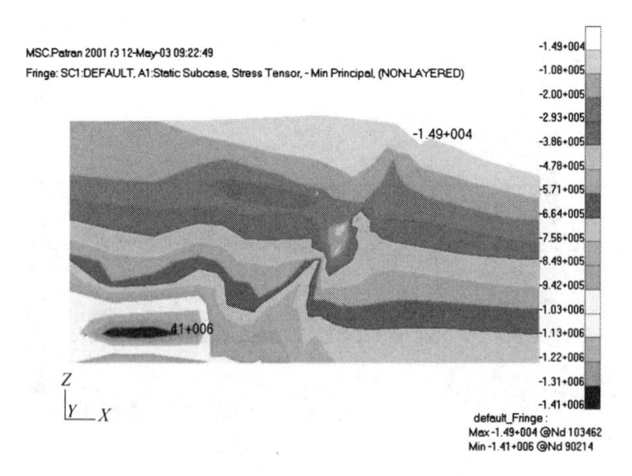

图 5－20　26 剖面最小主应力图

20 线剖面最大剪应力和最小主应力位于 M1 矿体采空区的两侧，标高为 -120m 处，剪应力值为 0.60MPa，拉应力值为 -1.40MPa，顶柱围岩的剪应力值为 0.24MPa，拉应力值为 -0.61MPa，表明该剖面采空区的两侧拉应力接近抗拉强度，顶柱围岩不会破坏，可见增加 4m 的顶柱厚度，顶柱是安全的，当考虑长期强度时（强度衰减 70%），顶柱围岩破坏。

26 线剖面最大剪应力和最小主应力位于采空区的两侧，标高为 -120m 处，剪应力值为 0.29MPa，拉应力值为 -0.79MPa，顶柱围岩的剪应力值为 0.17MPa，拉应力值为 -0.36MPa，表明该剖面采空区的两侧将产生破坏，顶柱围岩应力没有达到强度。

5.3.4 采矿方案四

境界顶柱在 -6m 位置，不留矿柱，垂直方向从 -6 ~ -60m，沿矿脉走向 0 ~ 1200m 这个区域全部挖空，其危险剖面及应力值见表 5-5，其中最大剪应力最危险剖面为 19、20、22 和 26，最小主应力最危险剖面为 20 和 26，如图 5-21 ~ 图 5-26 所示。

表 5-5 方案四采矿模型参数和计算结果

方案数	方 案 名	顶柱位置/m	间柱尺寸/m	矿房尺寸/m	最大剪应力危险剖面	危险剖面最大剪应力/MPa	最小主应力危险剖面	危险剖面最小主应力/MPa
4	shirengou_ 0m_ 0m_ -6m	-6	0	挖空	19 20 22 26	0.521 0.696 0.530 0.850	20 26	1.56 1.41

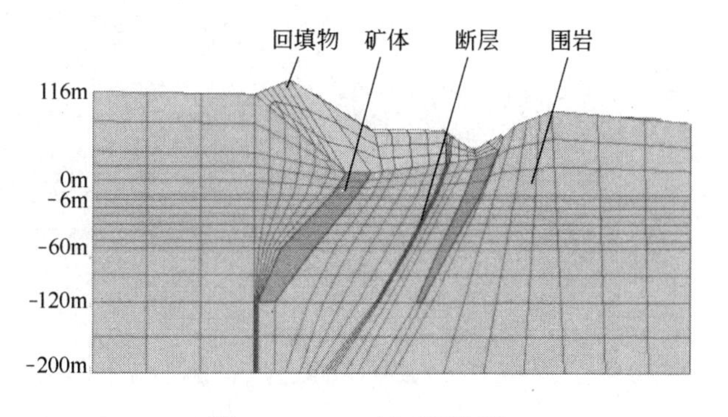

图 5-21 20 剖面网格图

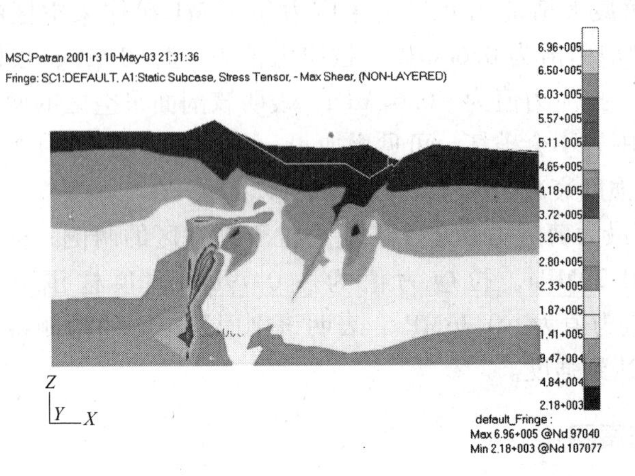

图 5－22　20 剖面最大剪应力图

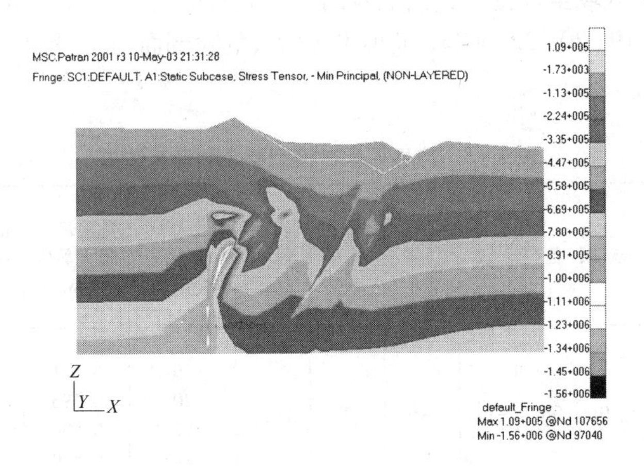

图 5－23　20 剖面最小主应力图

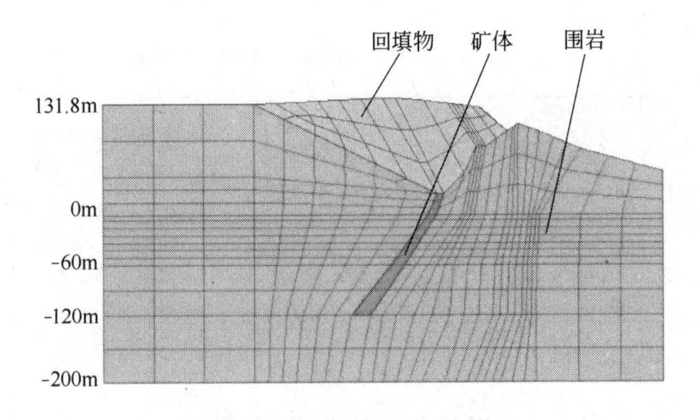

图 5－24　26 剖面网格图

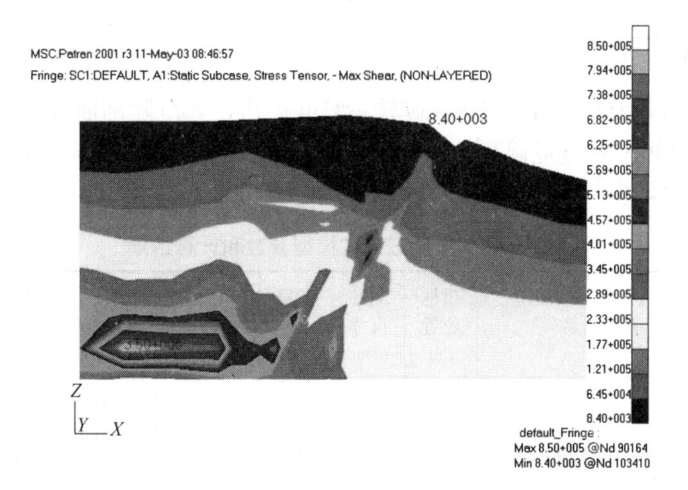

图 5－25　26 剖面最大剪应力图

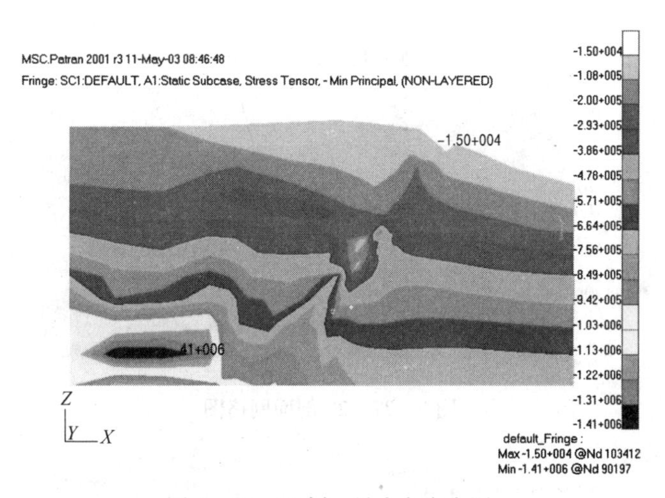

图 5－26　26 剖面最小主应力图

20 线剖面最大剪应力和最小主应力位于 M1 矿体采空区的两侧，标高为－120m 处，剪应力值为 0.58MPa，拉应力值为－1.42MPa，顶柱围岩的剪应力值为 0.20MPa，拉应力值为－0.58MPa，表明该剖面采空区的两侧拉应力接近抗拉强度，顶柱围岩不会破坏，可见增加 6m 的顶柱厚度，顶柱是安全的，当考虑长期强度时（强度衰减 70%），顶柱围岩破坏。

26 线剖面最大剪应力和最小主应力位于采空区的两侧，标高为－120m 处，剪应力值为 0.18MPa，拉应力值为－0.72MPa，顶柱围岩的剪应力值为 0.16MPa，拉应力值为－0.35MPa，表明该剖面采空区的两侧和顶柱围岩应力没有达到极限强度。

5.3.5 采矿方案五

境界顶柱在0m位置，留8m矿柱，42m矿房，其危险剖面及应力值见表5－6，其中最大剪应力最危险剖面为19、20、21和26，最小主应力最危险剖面为19、20、21和26，如图5－27～图5－32所示。

表5－6 方案五采矿模型参数和计算结果

方案数	方 案 名	顶柱位置/m	间柱尺寸/m	矿房尺寸/m	最大剪应力危险剖面	危险剖面最大剪应力/MPa	最小主应力危险剖面	危险剖面最小主应力/MPa
5	shirengou_ 50m_ 8m_ 0m	0	8	42	19	0.533	19	1.12
					20	0.688	20	1.54
					21	0.564	21	1.11
					26	0.849	26	1.4

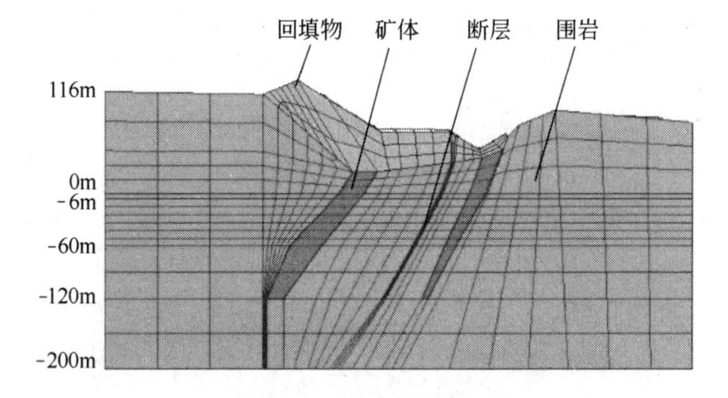

图5－27 20剖面网格图

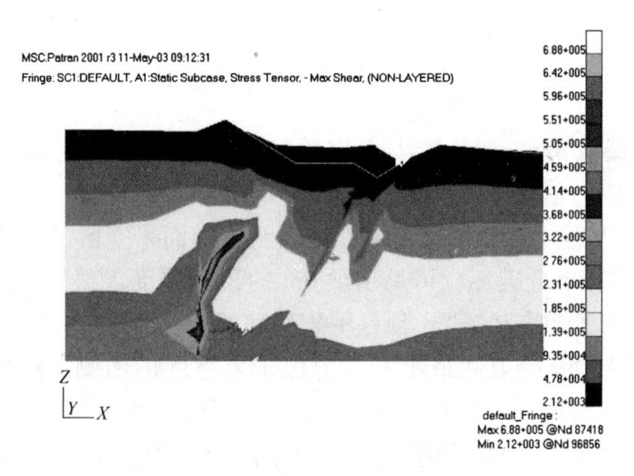

图5－28 20剖面最大剪应力图

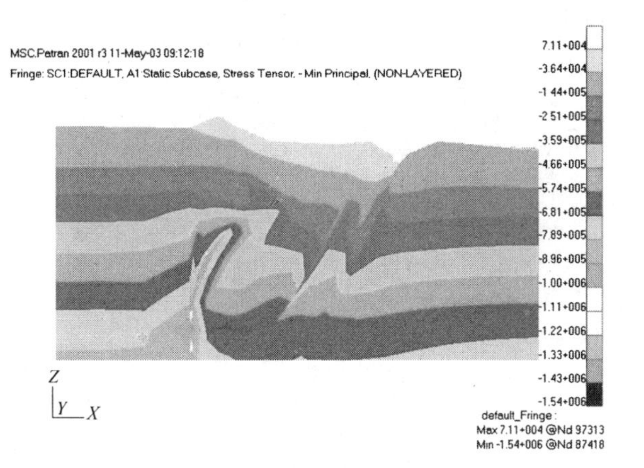

图 5-29 20 剖面最小主应力图

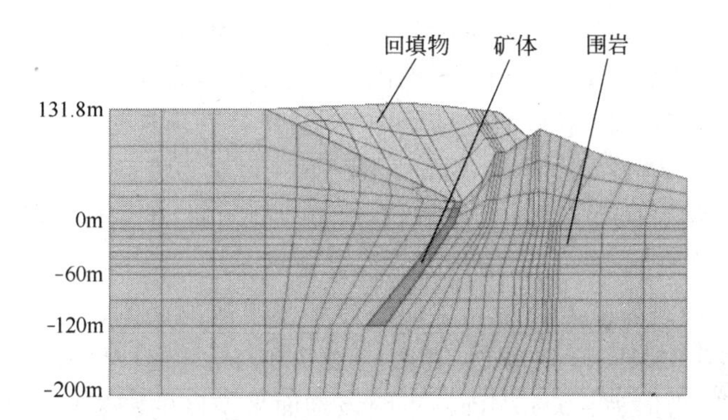

图 5-30 26 剖面网格图

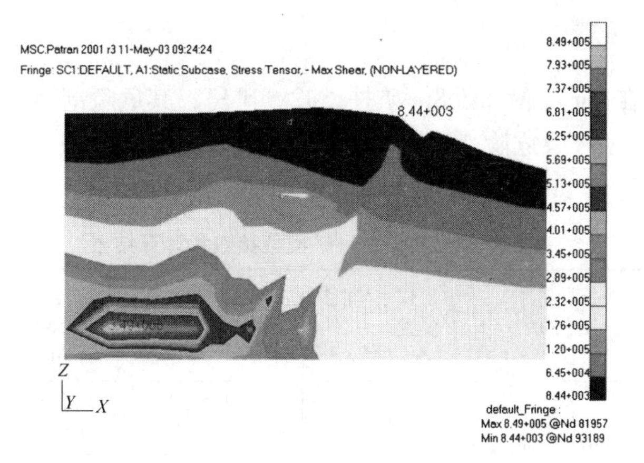

图 5-31 26 剖面最大剪应力图

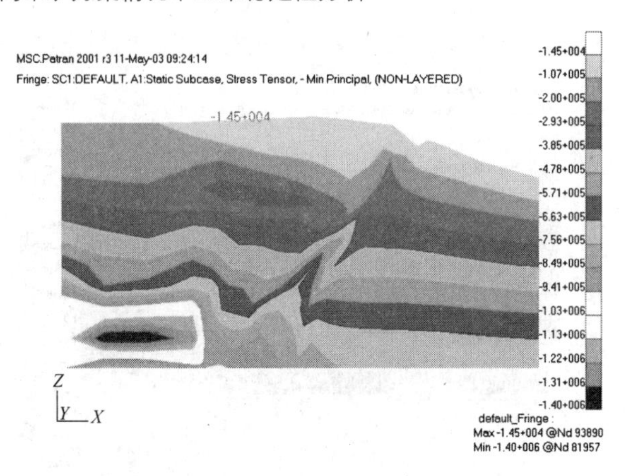

图 5-32 26 剖面最小主应力图

该方案计算考虑了间柱的支撑作用，20 线剖面最大剪应力和最小主应力位于采空区的两侧，标高为 -120m 处，其值为 0.45MPa，小于不考虑间柱情况下（方案一模型）的最大剪应力（0.63MPa），拉应力值为 -1.11MPa，也小于考虑间柱情况下（方案一模型）的拉应力（1.41MPa）；顶板处的剪力为 0.15MPa，拉应力值为 -0.47MPa，与不考虑间柱情况下（方案一模型）对比，表明该剖面采空区围岩应力集中程度减小，两侧将产生破坏，顶柱围岩没有破坏，当考虑长期强度时（强度衰减 70%），顶柱围岩没有破坏。

26 线剖面最大剪应力和最小主应力位于采空区的两侧，标高为 -120m 处，剪应力值为 0.35MPa，拉应力值为 -0.76MPa，顶柱围岩的剪应力值为 0.15MPa，拉应力值为 -0.30MPa，表明该剖面采空区的围岩稳定性好于方案一模型，即使考虑长期强度，顶柱也不会破坏。

5.3.6 采矿方案六

境界顶柱在 2m 位置，留 8m 矿柱，42m 矿房，其危险剖面及应力值见表 5-7，其中最大剪应力最危险剖面为 19、20、22 和 26，最小主应力最危险剖面为 19、20、22 和 26，如图 5-33 ~ 图 5-38 所示。

表 5-7 方案六采矿模型参数和计算结果

方案数	方案名	顶柱位置/m	间柱尺寸/m	矿房尺寸/m	最大剪应力危险剖面	危险剖面最大剪应力/MPa	最小主应力危险剖面	危险剖面最小主应力/MPa
6	shirengou_ 50m_ 8m_ 2m	2	8	42	19	0.533	19	1.11
					20	0.688	20	1.54
					22	0.623	22	1.24
					26	0.849	26	1.4

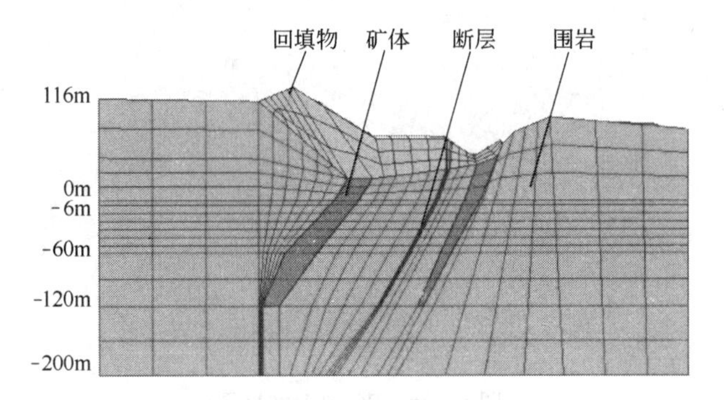

图 5-33 20 剖面网格图

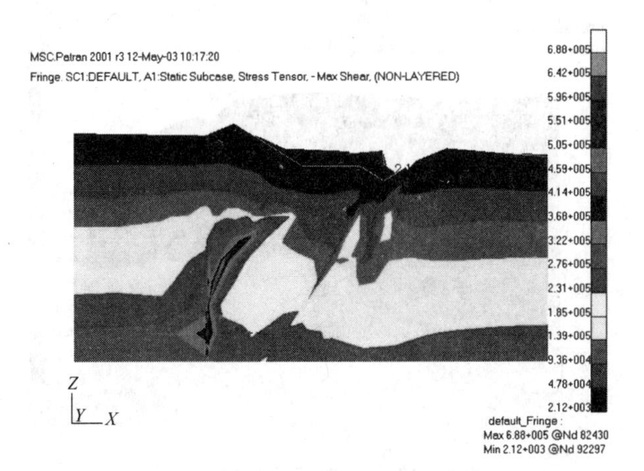

图 5-34 20 剖面最大剪应力图

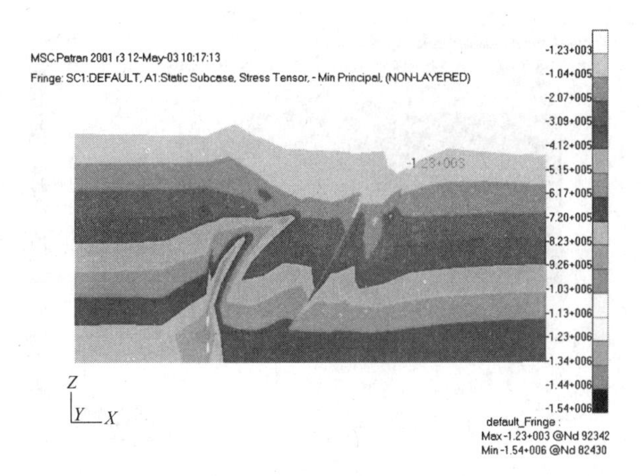

图 5-35 20 剖面最小主应力图

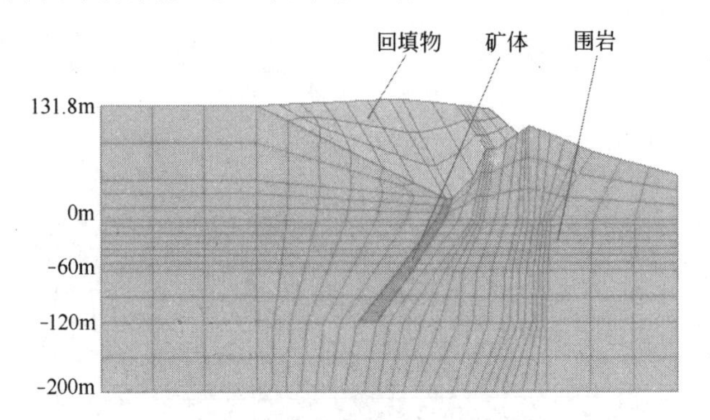

图 5－36　26 剖面网格图

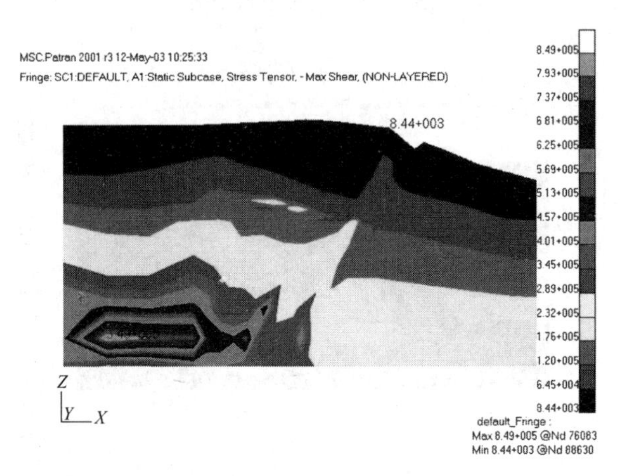

图 5－37　26 剖面最大剪应力图

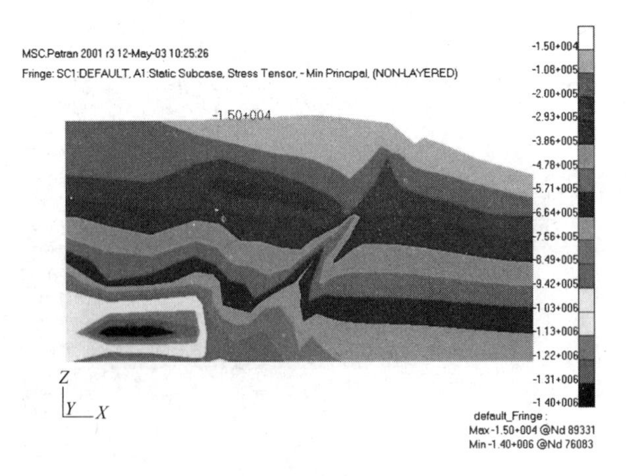

图 5－38　26 剖面最小主应力图

该方案顶柱减小 2m，考虑 8m 的间柱支撑，20 线剖面最大剪应力位于采空区的两侧，标高为 -120m 处，其值为 0.48MPa，顶板处的剪力为 0.18MPa，最小主应力位于采空区的两侧，标高为 -120m 处，其值为 -1.24MPa，顶板处的拉应力值为 -0.50MPa，表明该剖面采空区顶柱围岩没有破坏，稳定性较好，当考虑长期强度时（强度衰减 70%），顶柱围岩破坏。

26 线剖面最大剪应力和最小主应力位于采空区的两侧，标高为 -120m 处，剪应力值为 0.38MPa，拉应力值为 -0.80MPa，顶柱围岩的剪应力值为 0.18MPa，拉应力值为 -0.32MPa，由于顶柱厚度减小 2m，该剖面稳定性较差，当考虑长期强度时（强度衰减 70%），顶柱围岩没有破坏。

5.3.7 采矿方案七

境界顶柱在 4m 位置，留 8m 矿柱，42m 矿房，其危险剖面及应力值见表 5-8，其中最大剪应力最危险剖面为 19、20、22 和 26，最小主应力最危险剖面为 19、20 和 26，如图 5-39～图 5-44 所示。

表 5-8 方案七采矿模型参数和计算结果

方案数	方案名	顶柱位置/m	间柱尺寸/m	矿房尺寸/m	最大剪应力危险剖面	危险剖面最大剪应力/MPa	最小主应力危险剖面	危险剖面最小主应力/MPa
7	shirengou_ 50m_ 8m_ 4m	4	8	42	19 20 22 26	0.533 0.688 0.543 0.848	19 20 26	1.11 1.54 1.4

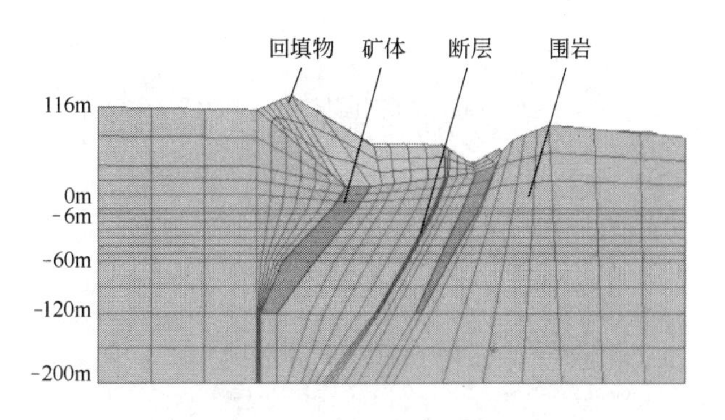

图 5-39 20 剖面网格图

该方案和方案二相比，顶柱厚度一致，但考虑了间柱的作用，和方案六相比，顶柱厚度减小 2m。计算得到 20 线剖面最大剪应力和最小主应力位于 M1 矿

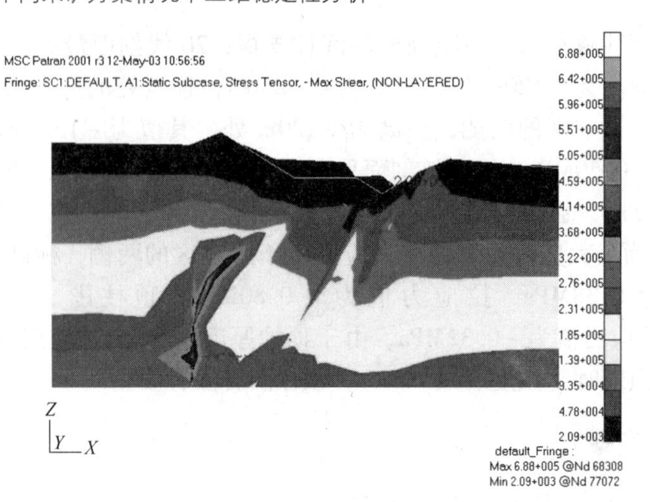

图 5－40　20 剖面最大剪应力图

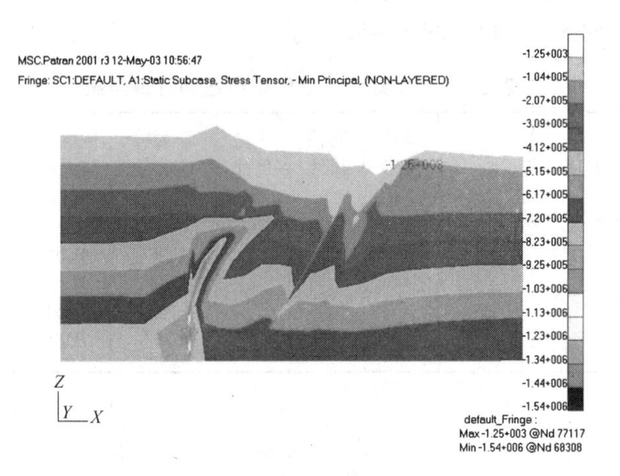

图 5－41　20 剖面最小主应力图

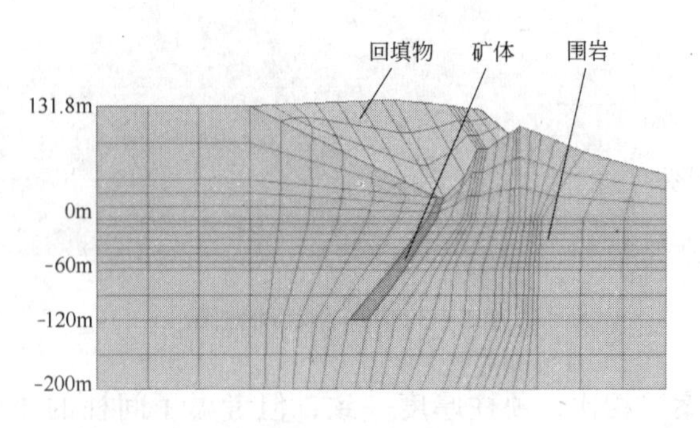

图 5－42　26 剖面网格图

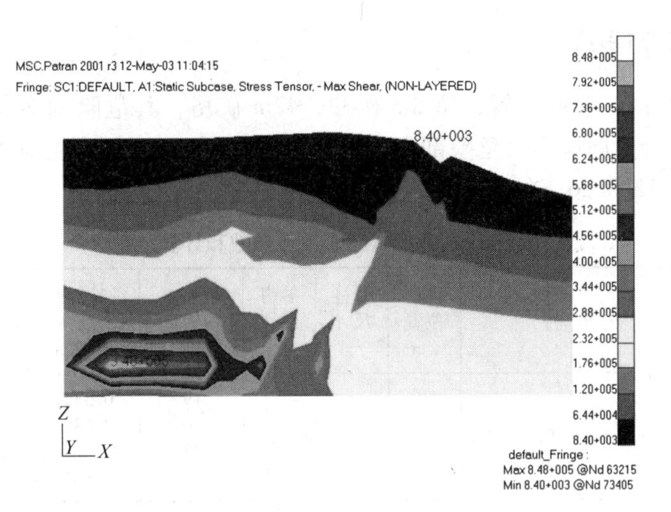

图 5-43 26 剖面最大剪应力图

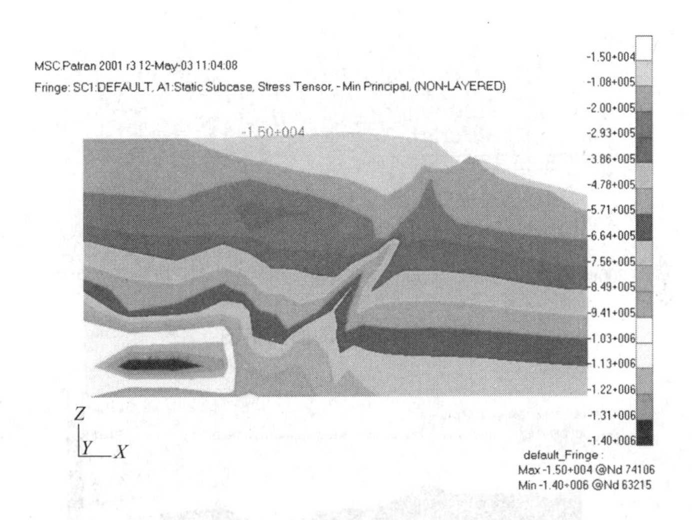

图 5-44 26 剖面最小主应力图

体采空区的两侧，标高为 -120m 处，剪应力值为 0.50MPa，拉应力值为 -1.35MPa，顶柱围岩的剪应力值为 0.22MPa，拉应力值为 -0.55MPa，表明该剖面采空区的两侧将产生拉破坏，顶柱围岩没有破坏，当考虑长期强度时（强度衰减 70%），顶柱围岩破坏。

26 线剖面最大剪应力和最小主应力位于采空区的两侧，标高为 -120m 处，剪应力值为 0.49MPa，拉应力值为 -0.84MPa，顶柱围岩的剪应力值为 0.20MPa，拉应力值为 -0.34MPa，由于顶柱厚度减小 2m，该剖面稳定性较方案七差。

5.3.8 采矿方案八

境界顶柱在 -4m 位置，留 8m 矿柱，42m 矿房，其危险剖面及应力值见表 5-9，其中最大剪应力最危险剖面为 19、20、22 和 26，最小主应力最危险剖面为 19、20、22 和 26，如图 5-45～图 5-50 所示。

表 5-9 方案八采矿模型参数和计算结果

方案数	方案名	顶柱位置/m	间柱尺寸/m	矿房尺寸/m	最大剪应力危险剖面	危险剖面最大剪应力/MPa	最小主应力危险剖面	危险剖面最小主应力/MPa
8	shirengou_ 50m_ 8m_ -4m	-4	8	42	19 20 22 26	0.535 0.681 0.563 0.844	19 20 22 26	1.11 1.53 1.11 1.41

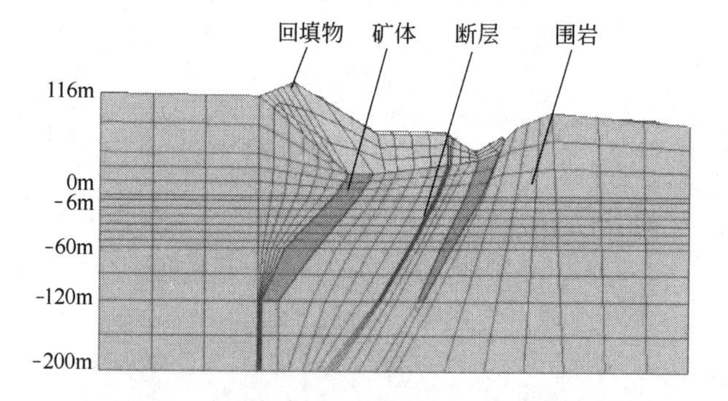

图 5-45 20 剖面网格图

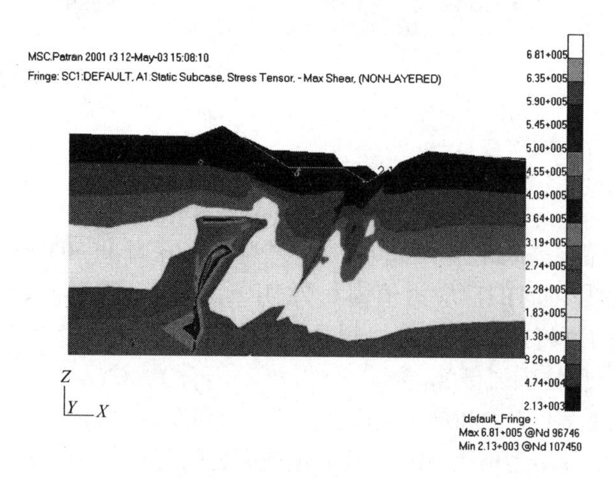

图 5-46 20 剖面最大剪应力图

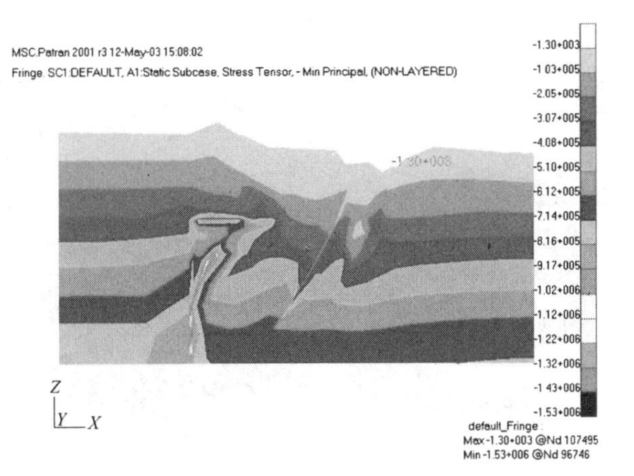

图 5 - 47　20 剖面最小主应力图

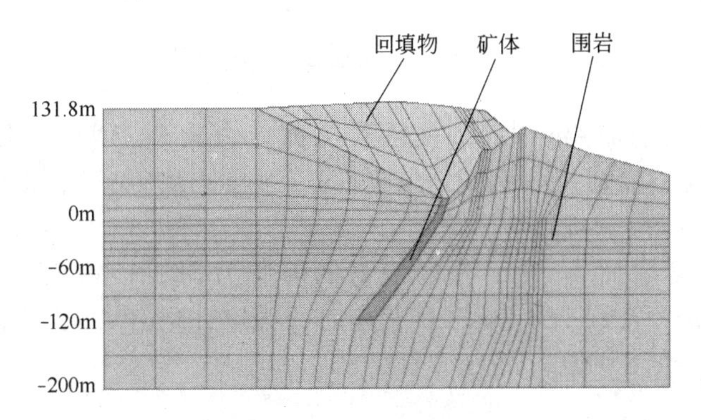

图 5 - 48　26 剖面网格图

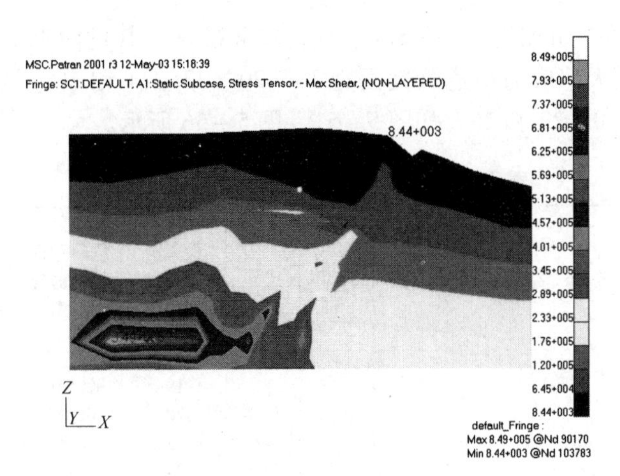

图 5 - 49　26 剖面最大剪应力图

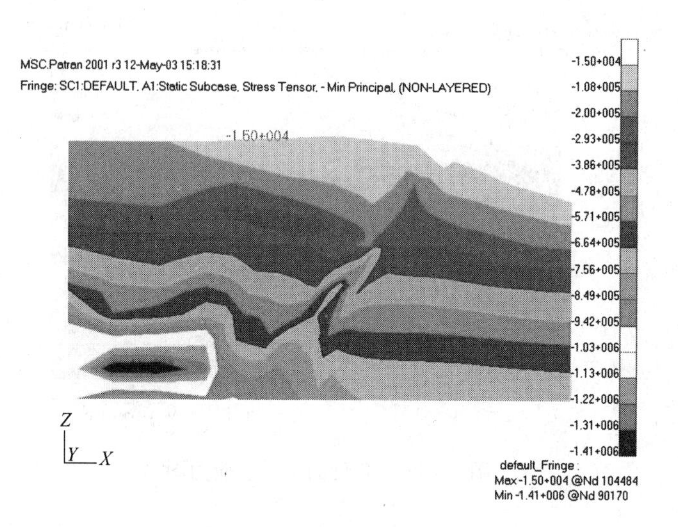

图 5－50　26 剖面最小主应力图

当顶柱厚度增加 4m 时，顶柱围岩的剪应力为 0.13MPa，最小主应力为 0.40MPa，稳定性较好，当考虑长期强度时（强度衰减 70%），顶柱围岩不会破坏（图 5－45～图 5－47）。

当顶柱厚度增加 4m 时，顶柱围岩的剪应力为 0.12MPa，最小主应力为 0.31MPa，稳定性较好，当考虑长期强度时（强度衰减 70%），顶柱围岩不会破坏（图 5－48～图 5－50）。

5.3.9　采矿方案九

境界顶柱在－6m 位置，留 8m 矿柱，42m 矿房，其危险剖面及应力值见表 5－10，其中最大剪应力最危险剖面为 19、20、22、24 和 26，最小主应力最危险剖面为 19、20、22 和 26，如图 5－51～图 5－56 所示。

表 5－10　方案九采矿模型参数和计算结果

方案数	方案名	顶柱位置/m	间柱尺寸/m	矿房尺寸/m	最大剪应力危险剖面	危险剖面最大剪应力/MPa	最小主应力危险剖面	危险剖面最小主应力/MPa
9	shirengou_ 50m_ 8m_ －6m	－6	8	42	19 20 22 24 26	0.536 0.681 0.562 0.504 0.819	19 20 22 26	1.11 1.53 1.10 1.41

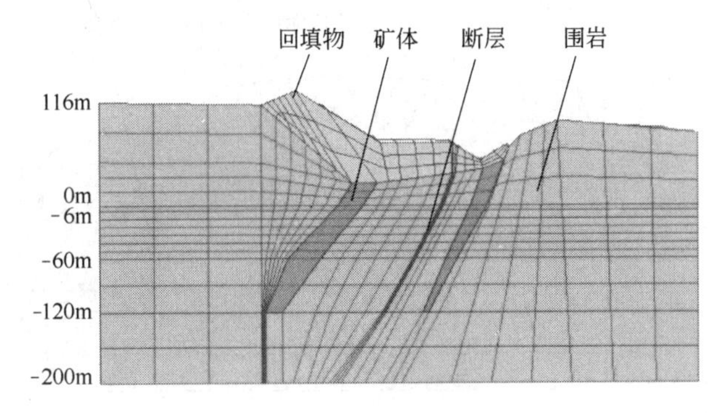

图 5－51　20 剖面网格图

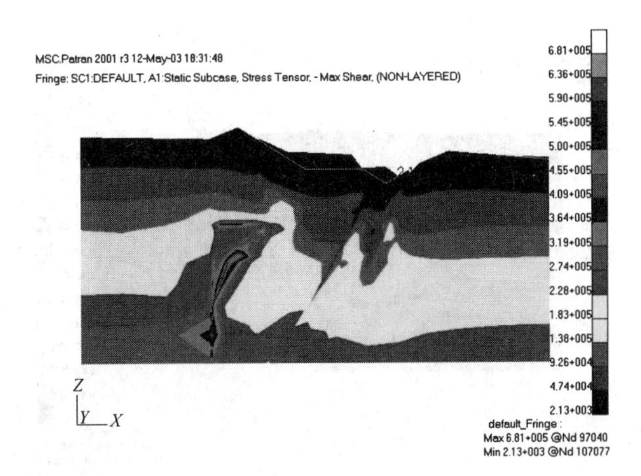

图 5－52　20 剖面最大剪应力图

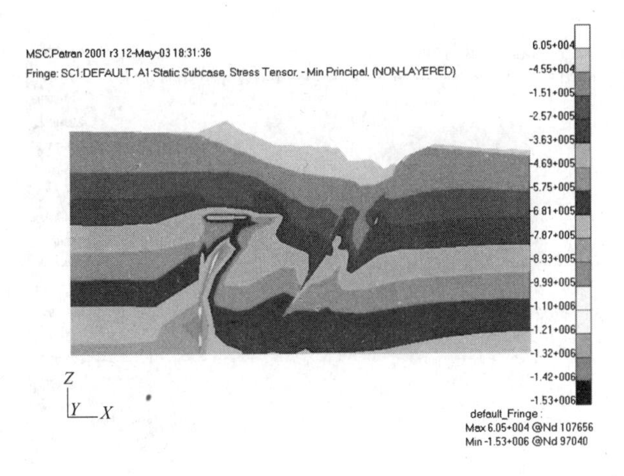

图 5－53　20 剖面最小主应力图

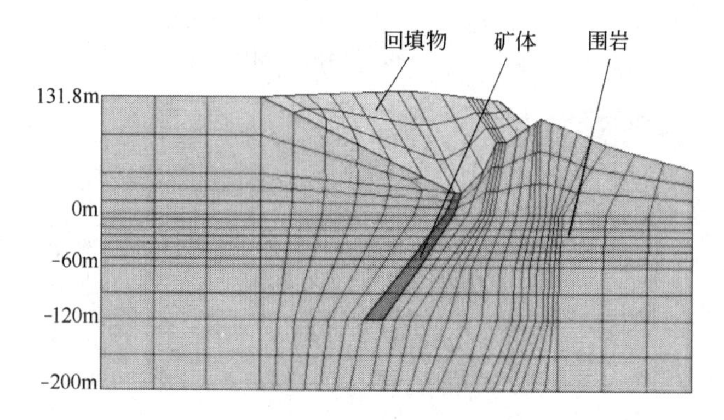

图 5－54 26 剖面网格图

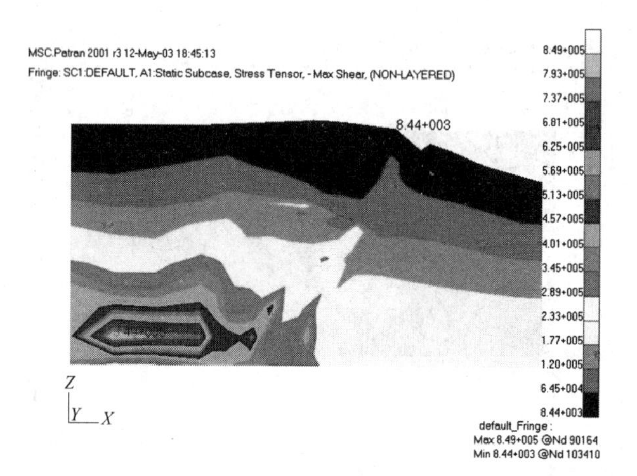

图 5－55 26 剖面最大剪应力图

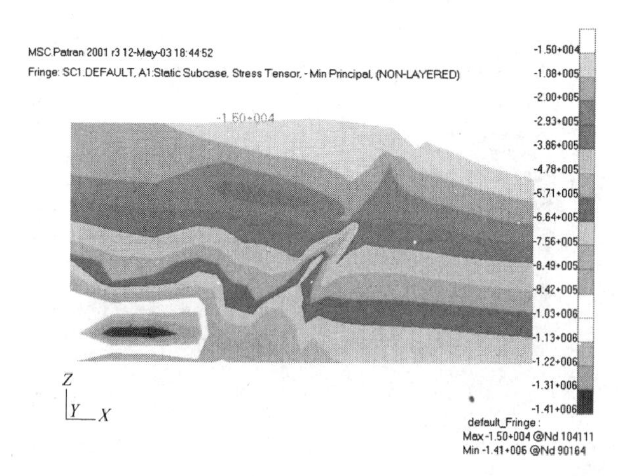

图 5－56 26 剖面最小主应力图

当顶柱厚度增加 6m 时，顶柱围岩的剪应力为 0.11MPa，最小主应力为 0.34MPa，稳定性较好，当考虑长期强度时（强度衰减 70%），顶柱围岩不会破坏（图 5－51～图 5－53）。

当顶柱厚度增加 6m 时，顶柱围岩的剪应力为 0.11MPa，最小主应力为 0.30MPa，稳定性较好，当考虑长期强度时（强度衰减 70%），顶柱围岩不会破坏（图 5－54～图 5－56）。

5.4 小结和建议

三维计算结果表明，顶柱比间柱的支撑作用更大，间柱变薄和即使不考虑间柱的作用，能够确保所有剖面顶柱围岩稳定，但是个别剖面（19～22）不能确保顶柱长期稳定，期限在 1～3 年以内；顶柱厚度较小 2m，基本上还能保证所有剖面顶柱围岩稳定，但个别剖面（19～22）处于极限稳定状态，同时也不能确保所有剖面顶柱长期稳定；只有按照设计提出的境界顶柱 0m 水平位置，同时考虑 8m 间柱的支撑作用，能够确保所有剖面顶柱围岩的长期稳定。不同采矿方案下顶柱应力分布及稳定性评价见表 5－11。

表 5－11 不同采矿方案下顶柱应力分布及稳定性评价表

方案	顶柱位置/m	间柱尺寸/m	矿房尺寸/m	20 剖面						26 剖面					
				采空区两侧		顶柱				采空区两侧		顶柱			
				剪应力/MPa	最小主应力/MPa	剪应力/MPa	最小主应力/MPa	是否破坏	按长期强度是否破坏	剪应力/MPa	最小主应力/MPa	剪应力/MPa	最小主应力/MPa	是否破坏	按长期强度是否破坏
1	0	挖空	挖空	0.63	－1.41	0.27	－0.65	否	是	0.32	0.75	0.18	－0.38	否	否
2	4	挖空	挖空	0.66	－1.47	0.38	－0.74	是	是	0.57	0.85	0.23	－0.47	否	是
3	－4	挖空	挖空	0.60	－1.40	0.24	－0.64	否	是	0.29	0.79	0.17	－0.36	否	否
4	－6	挖空	挖空	0.58	－1.42	0.20	－0.61	否	是	0.18	0.72	0.16	－0.35	否	否
5	0	8	42	0.45	－1.11	0.15	－0.45	否	否			0.15	－0.30	否	否
6	2	8	42	0.48	－1.24	0.18	－0.48	否	是			0.18	－0.32	否	否
7	4	8	42	0.51	－1.35	0.20	－0.55	否	是			0.24	－0.34	否	否
8	－4	8	42	0.40	－1.00	0.13	－0.40	否	否			0.12	－0.31	否	否
9	－6	8	42	0.33	－0.85	0.11	－0.34	否	否			0.11	－0.30	否	否

上述结论有两个前提：（1）采矿作业穿过 F8、F18 断层时，围岩不能稳定，需要调整采矿程序，留设安全矿柱保证断层附近围岩稳定；（2）间柱变薄和不考虑间柱的以及减小顶柱厚度的方案计算结果，也只是 19 ~ 22 剖面范围内顶柱厚度较其他剖面薄（只有25 ~ 30m），稳定性较差，其他剖面即使境界顶柱在 4m 水平位置之下，都能确保稳定。

由此可见，由于地质条件的复杂性，采区不同位置的稳定性差别较大，这就需要给出一个稳定性分区，不同区段在采矿设计中作相应调整。

6 围岩稳定性分区研究与变厚度方案设计

6.1 稳定性分区研究

该区沿矿柱走向的不同位置，矿柱倾角、宽度、厚度、顶住的高度、地表回填物的高度差别较大，加上断层的赋存，使得采场不同位置的稳定性差别较大。本章总结上述分析结果，对采场稳定性进行分区，目的是指出不同位置顶柱稳定状态，为采矿安全设计以及相应的防治措施提供指导。图6－1为石人沟铁矿井下开采－60m水平平面稳定性分区示意图。

（1）稳定区，16～19、23～24、28剖面之间范围，由于矿体宽度较窄（小于10m），厚度大（30～35m），开采引起的顶柱拉应力区较小，稳定性较好，采用使这部分区间间柱变薄和不考虑间柱的以及减小顶柱厚度等方法，都能保证顶柱长期稳定，有继续开采顶柱的潜力。

（2）亚稳定区，19～22，26剖面，矿体宽度较大（10～20m），厚度小(23～30m)，开采引起的顶柱拉应力区较大，这部分区间间柱变薄或减小顶柱厚度，当前稳定性处于极限状态，不能保证顶柱长期稳定。

（3）潜在失稳区，20剖面附近，24～25剖面，开采将切穿断层（F8、F18)，由于围岩冒落和涌水影响巷道掘进，可能形成突冒、突涌危害。

6.2 稳定性分区后的监测检验和变厚度采矿设计

石人沟铁矿地下开采已经进行了6年，对于上述的理论分析，需要用实践进行检验，为此，我们进行了地下稳定性分区的实测，并进行了相应的分析，以进一步丰富露天转地下采矿技术的理论，从而也进一步指导工程实践。

前面章节的相关理论研究成果已经应用于石人沟铁矿露天转地下开采的生产实践之中。本书作者及研究小组成员指导矿山采矿工程技术人员进行采矿工程设计、采矿技术方法的实施及采矿过程中技术问题的处理。石人沟铁矿露天转地下开拓工程于2004年竣工，于2005年初开始进行采准工程施工。在采矿工程设计中，矿山技术人员在本书作者及研究小组的指导下，利用前面研究成果，指导了采矿工程设计。在研究成果中，指出在F8、F18、F19断层带及两侧15～40m范

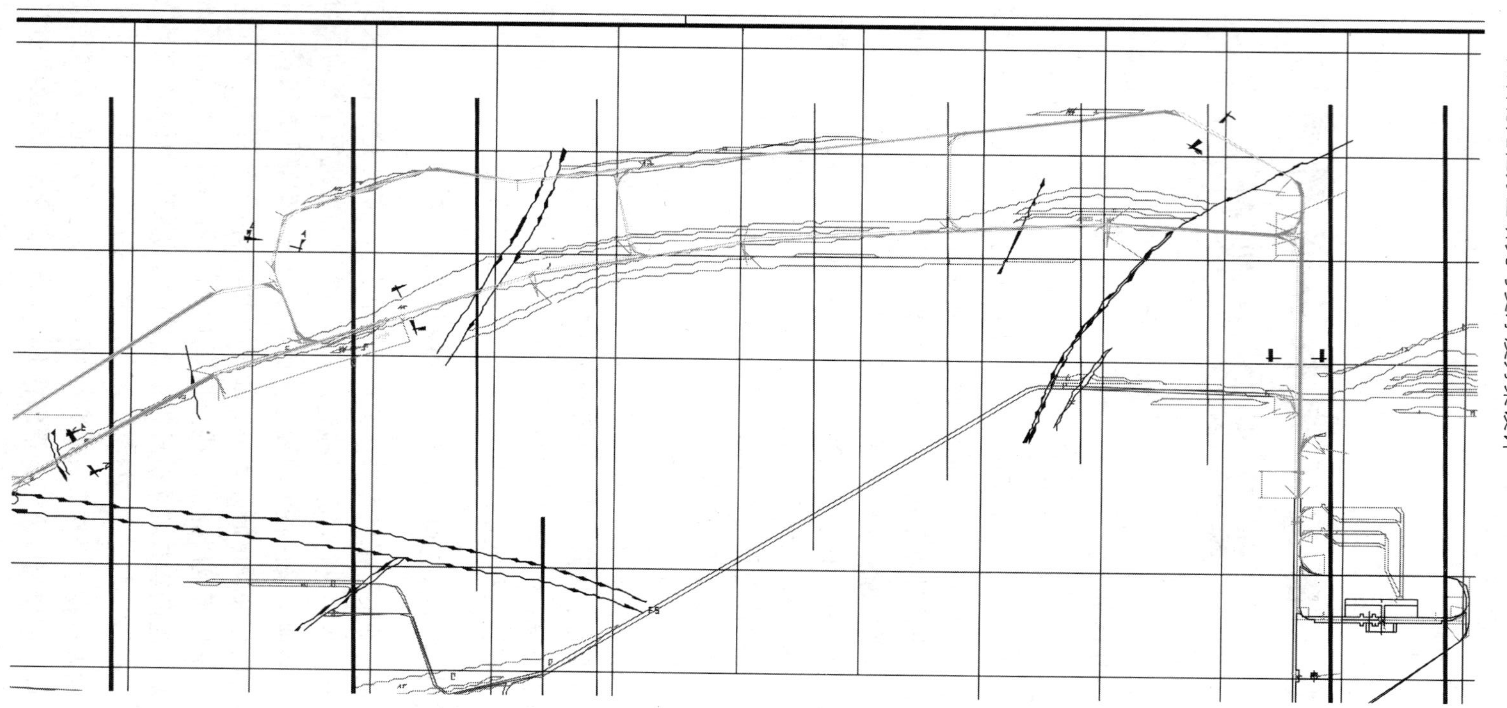

图6-1 石人沟铁矿井下开采-60m水平平面稳定性分区示意图

围内，应留设两段宽度分别为 110m 和 190m 矿段暂时不采，矿山在实际采矿中按此指导方案进行了留设。在 25 线至 23 线之间的 190m 区段暂时未进行采矿，在 20 线南侧至 19 线北侧的 110m 区段暂时留设不做方案设计，而研究结论表明其他区段是稳定区域，矿山按其指导建议进行了采矿设计及施工生产。

具体采矿设计尺寸为：沿矿体走向 50m 设一个矿块，矿块内留设 6 ~ 8m 的间柱。矿房长 42 ~ 44m，矿房宽为矿体宽度，境界顶柱厚度按照前面的研究方案值进行变厚度设置，一般为 16 ~ 23m。采矿设计施工图如图 6 – 2 所示。

采矿方法全部采用无底柱结构的浅孔留矿法。采矿方法的选择主要依据南区矿体的赋存条件。经过穿脉探矿，揭露矿体厚度一般为 3 ~ 10m，平均厚度为 9m，且矿体中夹岩多，分支折曲现象较多，因此南区的采矿方法选择了浅孔留矿法。按照矿山采矿工程生产运行机制，采矿工作委托外部采矿施工队进行采矿生产作业。外部委托施工人员的采矿技术水平只限于装备水平较低的浅孔凿岩、人工装矿的作业方式。

南区从 2001 年进行露天转地下建设及地下采矿以来，按前面的研究结论指导建议可开采的区域范围是：28 线至 25 线 300m 区段、23 线至 21 线 200m 区段、19 线至 16 线 300m 区段，合计总长度 800m 的矿体已按浅孔留矿法实施矿房采矿，矿房内的矿体大部分基本采完，多数矿房已经形成采空区。从采矿过程及矿房采完对空区及围岩、间柱、顶柱的观测情况分析，表明已开采区段范围内矿房采矿基本上是稳定和安全的，未发生突涌突冒，符合本书解析分析及相关数值计算的结论。只有个别部位受水渗流的影响及断层破碎带的影响，其局部围岩出现塌落现象，未造成大面积塌落，这也符合前面研究结论的预测分析。如 25 线南侧附近开采的 12 号矿房，在采矿至 30m 高度时上盘围岩出现了局部的塌落，影响了生产进行，须进一步进行理论研究和措施方案制定；22 线至 21 线设计开采的 9 号、10 号、11 号三个矿房受水渗流的影响，天井施工遇到困难，其中一个天井在上掘至 25m 时出现塌方，另一个天井施工至 40m 时也出现塌方，只能换位置施工天井。该三个矿房在开采过程中因水渗流的影响围岩有小范围塌落，但在进行局部支护后仍能进行开采。该三个矿房开采结束后，采空区经一段时间的放置，受水渗流的影响及长时间暴露的影响，顶板围岩（顶柱）出现了塌方，其中 10 号矿房塌落最为严重，有大块的岩石落下，矿山工程技术管理人员正在实施观测及监控，但没有与露天坑底塌落贯通，尚处于安全状态，实际情况亦符合前面的理论研究结果。

因矿山生产经营需要及市场形势的逼迫，只开采前面研究指导的稳定区域内矿体已不能满足矿山需求，必须开采受断层影响潜在失稳区域内的矿体。本书作者所在的课题组根据矿山现场的需要，进行了进一步的研究，并且将研究理论应用于 19 线至 20 线区域内留设的矿体的开采。而 F18、F19 之间的留设区域矿段

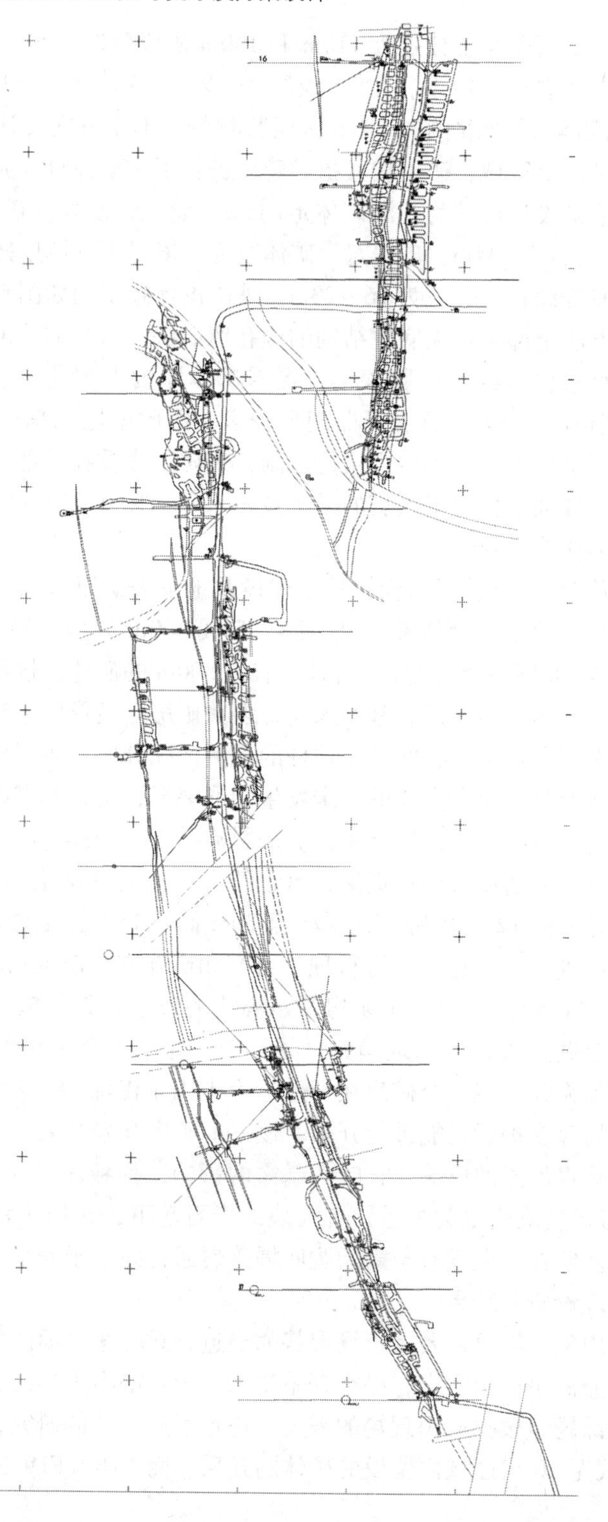

图 6－2　－60m 水平采矿设计施工图

内的矿体须进一步进行工程控制及分析计算才能开采。

19线至20线区段M1和M2的两层矿体，按本书研究结论属于潜在失稳区域内的矿体。如开采该段内矿体，须进行分析计算及采取措施。根据现场工程控制情况，20线南侧围岩较破碎，有塌落的危险，暂不开采。20线北侧至19线北侧的围岩比较稳定，采取措施可以开采。按照前面的研究结果，开采措施中的顶板比间柱支护对保证采场稳定性的作用更大，19线和20线内的四个矿房，可以将顶柱厚度加大，间柱设为8m，能保证采区顶板的稳定。矿山按此研究结论进行了采矿设计及施工，2007年下半年，该区段内四个矿房基本采完，从采矿过程及采空区顶板围岩观测情况看，加大顶柱及间柱尺寸的开采使采空区顶板保持了安全稳定，未出现塌方现象。

通过现场实际监测，可以看出前面的研究成果是卓有成效的，有效地指导了矿山的安全生产实践。

F18、F19断层影响带内的25线至23线近200m区段的矿体须进一步加强研究制定开采方案。在矿山进行了一定的工程控制后，通过现场监测，进行了针对F18、F19断层带内矿体开采理论研究及方案论证，见下面章节的分析论述。

石人沟铁矿南区（16线至28线）矿体的开采到2007年第四季度，设计矿房内的矿体已经基本采完，残余矿体为难采矿体：（1）受夹岩层阻隔、破碎带及水渗流作用影响的复杂难采矿体；（2）设计矿房以外部分薄矿脉，其矿体厚度为1~2m左右，不便进行矿房开采的复杂难采矿体；（3）部分低于20%品位的矿脉，其矿体厚度在为1~2.5m左右，地质品位低于20%，按截止的品位界定为不可采矿体。这些矿体都是复杂难采矿体。按照尽量多回收资源的原则以及当前矿石市场价格高位运行的情况，南区尚存在的复杂难采矿体有必要进行理论研究，进一步提出安全高效的采矿技术方案。

6.3 小结

本节在稳定性研究的基础上对矿区围岩进行了稳定性分区，目的是指出不同位置顶柱稳定状态，为采矿安全设计以及相应的防治措施提供指导。开展稳定性现场实际检测时为了检测与检验分析研究结果的准确性。经过现场施工效果验证，表明研究分区中的稳定区，未出现失稳破坏现象；亚稳区采取技术措施后保证了采矿安全；失稳区通过留设保安矿柱防止了灾害发生，进一步表明研究结果符合实际情况。变厚度方案的采矿设计，在确保采矿安全情况下，尽可能多地回收矿石资源。

7　断层破碎带影响下矿体安全采矿技术研究

本章结合石人沟铁矿实际工程，对地下开采过程中的主要技术难点进行研究，即南区 -60m 中段 F18 ~ F19 破碎及断层带下采矿的技术研究。在现场勘查和详细的地质、采矿数据分析基础之上，进行了现场取样岩石力学参数测试，建立了矿体力学模型，应用数值模拟方法（主要应用 RFPA、Patran、Nastran 软件进行计算），进行了采空区围岩变形、破坏、断层影响及境界矿柱稳定性评价和安全矿柱设计影响因素敏感性分析，初步确定了该区段内的采矿方法以及巷道支护方案。研究的主要内容见表 7 -1。

表 7 -1　研究内容一览表

项 目 名 称	具体工作内容	目　的
地质模型建立和岩体力学特性研究	利用原有的岩石力学实验得到的力学参数，并参考最新的地质资料进行研究工作	建立稳定分析模型
RFPA 2D分析	23 线剖面，23 线北 10m 剖面，23 线南 10m 剖面（因为 23 线上有 F19 穿过），23 线南 10m 剖面，24 线剖面，F18 北 10m 剖面，25 线剖面等 7 个分析剖面	断层破碎带影响下围岩和顶柱稳定性分析
Patran & Nastran 3D分析	F18 断层和 F19 断层之间的矿体稳定性分析，跨度 22 ~26 线，针对两种方案进行分析	断层破碎带影响下围岩和顶柱应力分布和变形分析
采矿方法以及巷道支护方案	首先根据以前的报告设计，以及具体地质情况和二维、三维分析结果确定采矿方法，并提出支护方案	指导安全生产

7.1　F18、F19 断层区域地质条件概述

总体上看，整个矿区断裂构造发育，多属压性裂隙，未形成地下水的良好循环通道。仅聚集少量脉状裂隙水对矿床充水影响不大，本矿床属于水文地质条件简单类型。F5 以东第四系覆盖区之下的矿体，虽然埋深不大，但受 F5、F20 大断裂构造的影响，水文条件较为复杂。据矿山地测科提供的地质数据，首采区内 F20、F5 断层与第四系和季节性河流有密切联系，F18、F19、F8 断层与第四系有密切联系。矿区主要充水因素为大气降雨，深部构造裂隙水突水可能对开采造

成影响。

F18 断层 NNW 倾向，倾角 80°左右，上下盘次级断层发育，在进行地质超前探测钻孔时，钻孔遇到 F18 断层时，遇有断层泥，裂隙发育，涌水量较大；F19 断层为 NW 倾向，倾角在 50°左右，钻孔遇到 F19 断层时，出现钻孔偏移、受到阻隔、穿不透现象，可以推测破碎带较宽，同时断层泥、渣子出现，岩石取样中有砾石。F18、F19 断层区域实际钻孔指标见表 7-2。

表 7-2 F18、F19 断层区域实际钻孔指标

采区名称	位置/m	钻孔编号	钻孔设计目的任务	孔位坐标/m			方位	角度	孔深/m		备注
				X	Y	Z			设计	终孔	
南区	-60	SZXK 190-3	探 19 线以北 M1 矿体 -30m 水平情况				23°	44°	32	15.5	废孔（与天井打透）
南区	-60	SZXK 190-4	探 19 线以北 M1 矿体 -30m 水平赋存情况	4456005.03	573362.66	-58.08	350°	63°	55	54.5	达到目的
南区	-60	SZXK 252-2-1	探 0m 水平 M2a 矿体情况	4455341.8	573440.33	-54.41	282°	55°	80	95	达到目的
南区	-60	SZXK 252-2-2	探 0m 水平 M2a 矿体情况	4455341.76	573440.52	-55	243°	52°	82	87	达到目的
南区	-60	SZXK 210-2-1	探 9 号天井上部 M2 矿体情况	4455775.52	573350.41	-55.72	79°	32°	85	85.7	达到目的
南区	-60	SZXK 210-2-2	探 9 号天井上部矿体情况及主巷西部小矿体上部延伸情况	4455770.53	573323.87	-55.5	94°56′	32°	94	98.5	达到目的
南区	-60	SZXK 222-2-1	探 F18～F19 断层之间 -60m 水平 M1、M2 矿体赋存情况	4455617.2	573372.1	-58.24	140°	-8°	70	11.2	废孔（与主巷打透）

续表 7－2

采区名称	位置/m	钻孔编号	钻孔设计目的任务	孔位坐标/m			方位	角度	孔深/m		备注
				X	Y	Z			设计	终孔	
南区	－60	SZXK 222－2－2	探 F18～F19 断层之间－60m 水平 M1、M2 矿体赋存情况	4455616.92	573371.97	－58.24	144°	－13°	70	54	未达目的，未能过断层
南区	－60	SZXK 190－1	探 19 线－F8 断层 M2 矿体－30m 水平赋存情况	4456000.89	573360.87	－58.05	240°	67°	35	43.2	达到目的
南区	－60	SZXK 190－2	探 19 线－F8 断层 M2 矿体－30m 水平赋存情况及 F8 断层情况	4456004.37	573360.53	－58.36	316°	47°	70	73.25	达到目的
南区	－60	SZPK 222	探 F19 断层及 M2 矿体	4455614.85	573392.96	－58.6	122°	0°	35	22	未过断层
南区	－60	SZPK 212	探主巷西薄矿体及 M2a 矿体	4455718.72	573366.83	－58.56	270°	0°	70	70.5	达到目的
南区	－60	SZXK 272－1	探上部采空区				90°	64°	71	60.8	未探到
南区	－60	SZXK 272－2	探上部采空区				90°	59°	66	11.5	废孔
南区	－60	SZPK 252－1－1	探 M1 矿体赋存状态	4455358.17	573473.31	－56.1	90°	0°	25	26	达到目的
南区	－60	SZPK 252－2－1	探 M2 矿体赋存状态	4455364.57	573438.88	－55.24	315°	0°	35	143	达到目的
南区	－60	SZPK 252－2－2	探 F18 断层及 M1 矿体	4455364.54	573438.88	－55.37	340°	0°	50	63.8	达到目的

续表 7-2

采区名称	位置/m	钻孔编号	钻孔设计目的任务	孔位坐标/m			方位	角度	孔深/m		备注
				X	Y	Z			设计	终孔	
南区	-60	SZPK 250-1-1	探 F18～F19 之间 M1～M2 矿体及 F18 断层赋存情况	4455397.68	573490.15	-54.87	317°	3°	145	160	达到目的
南区	-60	SZPK 250-1-2	探 F18～F19 之间 M1～M2 矿体及 F18 断层赋存情况	4455397.84	573490.31	-54.96	328°	0°	145	163.5	达到目的

7.2 南区-60m 中段 F18～F19 破碎及断层区域目前开采现状

石人沟铁矿矿体赋存于太古界马兰峪组片麻岩中，磁铁石英岩矿体与角闪斜长片麻岩岩层相互平行，有 M0～M5 六个矿体，矿体走向近南北，向西倾斜，倾角 50°～70°，属急倾斜矿体。矿体厚度南区较薄，北区较厚，首采区平均厚度为 9.7m。

南区-60m 中段 F18～F19 破碎及断层区域主要对矿体 M1、M2 进行回采，目前 23 线以北以及 25 线以南已经初步回采，采矿方法采用分段采矿法回采厚度在 5m 以上的中厚矿体，采用浅孔留矿法回采厚度在 5m 以下的薄矿体。南区-60m 中段 F18～F19 破碎及断层区域下一步的开采设计要保证安全、高效开采，还要保证最终矿柱的安全回采及采空区处理。

7.3 存在的问题

存在的问题具体如下：

（1）该区深部为详查地质报告，只做了简易钻孔水文地质观测，定性地评述了矿区水文地质条件，但深部断层破碎带，构造裂隙发育带无钻孔控制，缺乏基础数据。在井下开采时，揭露的断裂带有可能导致大气降水存入露天坑的水及地表水突入矿坑。因此在地下开采时需做超前探水工作，提前查明断裂带的导水性。

（2）在-60m 中段顶柱回采后，若矿体顶板塌落会使大量地表水涌入矿坑。故需要对 F18～F19 破碎及断层区域岩体的稳定性进行分析，确定采矿方法及支护方案，拟分析的剖面位置示意及各个剖面如图 7-1～图 7-8 所示。

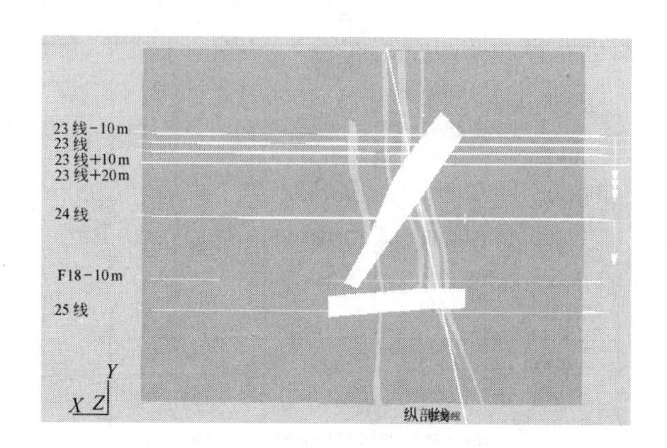

图7-1　拟分析的剖面位置示意图

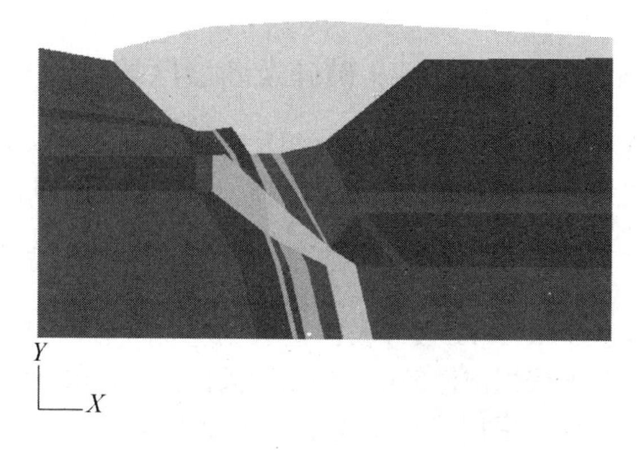

图7-2　石人沟铁矿23线-10m剖面图

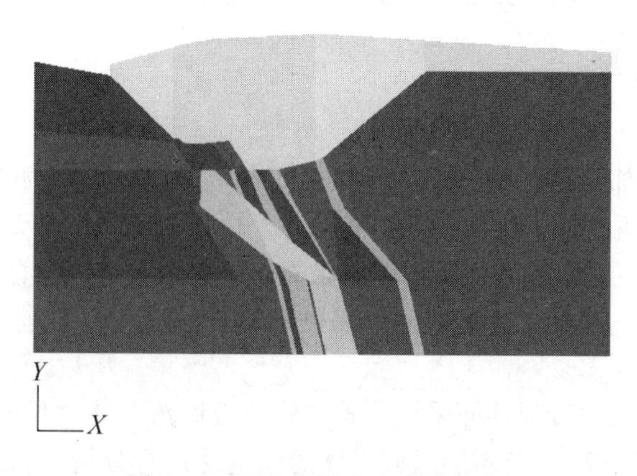

图7-3　石人沟铁矿23线剖面图

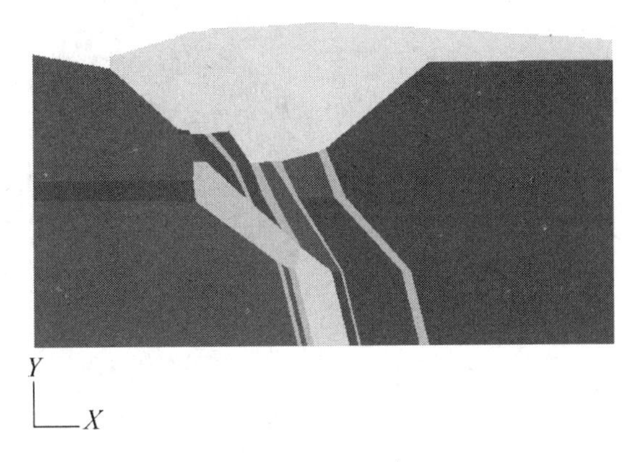

图 7-4 石人沟铁矿 23 线 +10m 剖面图

图 7-5 石人沟铁矿 23 线 +20m 剖面图

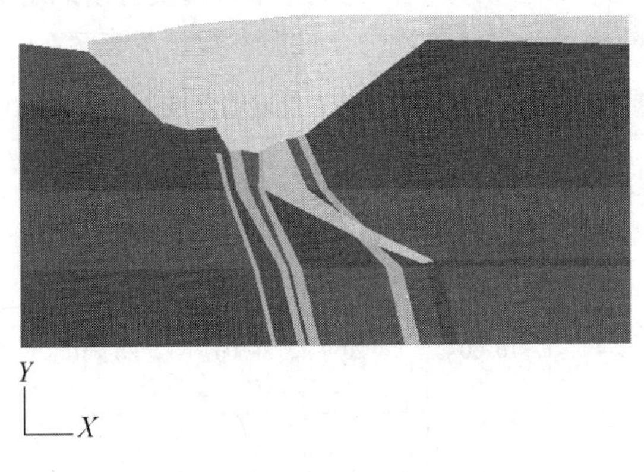

图 7-6 石人沟铁矿 24 线剖面图

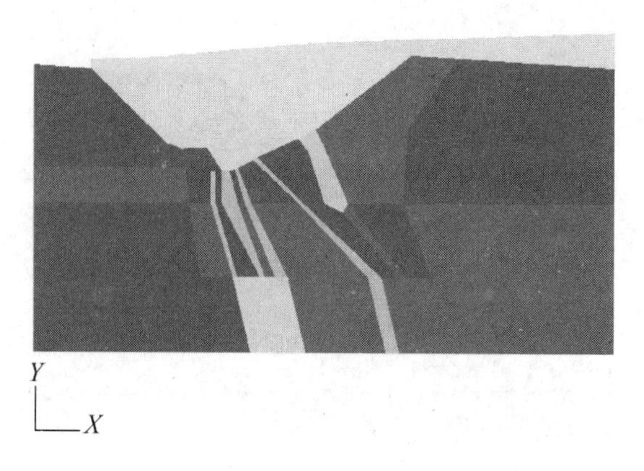

图 7－7　石人沟铁矿 F18－10m 线剖面图

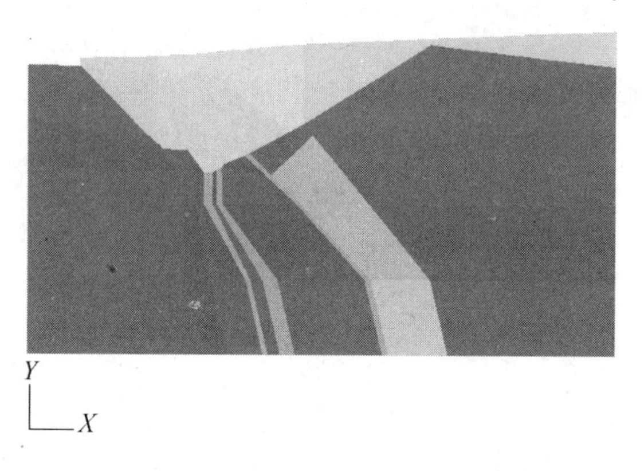

图 7－8　石人沟铁矿 25 线剖面图

本书在综合参考了以往研究报告、试验结果以及近期地质钻孔情况后，确定了 F18～F19 破碎断层区域岩体物理力学性质参数，见表 7－3。

表 7－3　F18～F19 破碎断层区域稳定性分析力学参数

材料编号	岩石名称	块体密度 /g·cm^{-3}	抗压强度 /MPa	抗剪参数		变形参数		依　据
				内聚力 C/MPa	内摩擦角 φ/(°)	弹性模量 /MPa	泊松比	
5	M1 矿体	3.4	10.00	2.20	38.00	4.80×10^4	0.21	霍克－布朗公式
4	M2 矿体	3.4	13.00	2.40	38.00	4.80×10^4	0.21	霍克－布朗公式

续表 7-3

材料编号	岩石名称	块体密度 /g·cm^{-3}	抗压强度 /MPa	抗剪参数		变形参数		依据
				内聚力 C/MPa	内摩擦角 φ/(°)	弹性模量 /MPa	泊松比	
1	黑云母角闪斜长片麻岩	2.8	9.00	0.684	36.00	4.31×10^4	0.22	1989 年边坡报告[24]
2	散体	2.00	0.2	0.001	32.00	0.10×10^4	0.32	模拟法
6	断层	2.00	0.8	0.22	31.00	0.20×10^4	0.30	1989 年边坡报告[24]
3	表土	1.60	0.03	0.01	28.00	0.01×10^4	0.32	模拟法

7.4　二维稳定性及破坏机制模拟分析

本节建立南区 -60m 中段 22 线至 25 线的二维力学模型，应用岩石破裂过程分析系统（RFPA 2D），模拟分析该矿南区采场围岩稳定状况，为进行南区 -60m 中段 F18 ~ F19 破碎、断层带区域采矿安全设计提供科学依据。

7.4.1　计算模型及方案

石人沟铁矿的矿体呈高倾角单斜赋存，沿走向矿脉的倾角和厚度不断变化，而且上覆境界矿柱和回填物的厚度也沿矿脉走向变化。取沿其走向不同位置的二维横剖面作为研究对象建模，确定了 23 线剖面、23 线北 10m 剖面（23 线 -10 剖面），23 线南 10m 剖面（23 线 +10 剖面）、23 线南 20m 剖面（23 线 +20 剖面，因为 23 线上有 F19 穿过，所以做重点分析）、24 线剖面、F18 北 10m 剖面（F18 -10 剖面）、25 线剖面等 7 个有代表性的剖面分析计算。模型宽 480m，高 255m，顶柱设在 -6m 位置，按每步 18m 高度开挖，只考虑上覆岩体自重应力场。用 RFPA 程序模拟分析在破碎带影响下，开挖过程中硐室围岩的受力及稳定情况。

7.4.2　计算结果

23 线 -10 剖面（图 7-9），仅有断层上角端部有局部发生损伤破坏，顶柱、间柱、围岩体都较为稳定，断层对整体稳定性影响不大，但断层上角端部的局部损伤，容易形成与露天坑底相贯通的导水裂隙。

23 线剖面(图 7-10)，M1 矿体采出后，空区揭穿断层带，断层带有较大面积的暴露，所以断层带极易损伤破坏，该区域断层带对围岩的整体稳定性有较大影响。

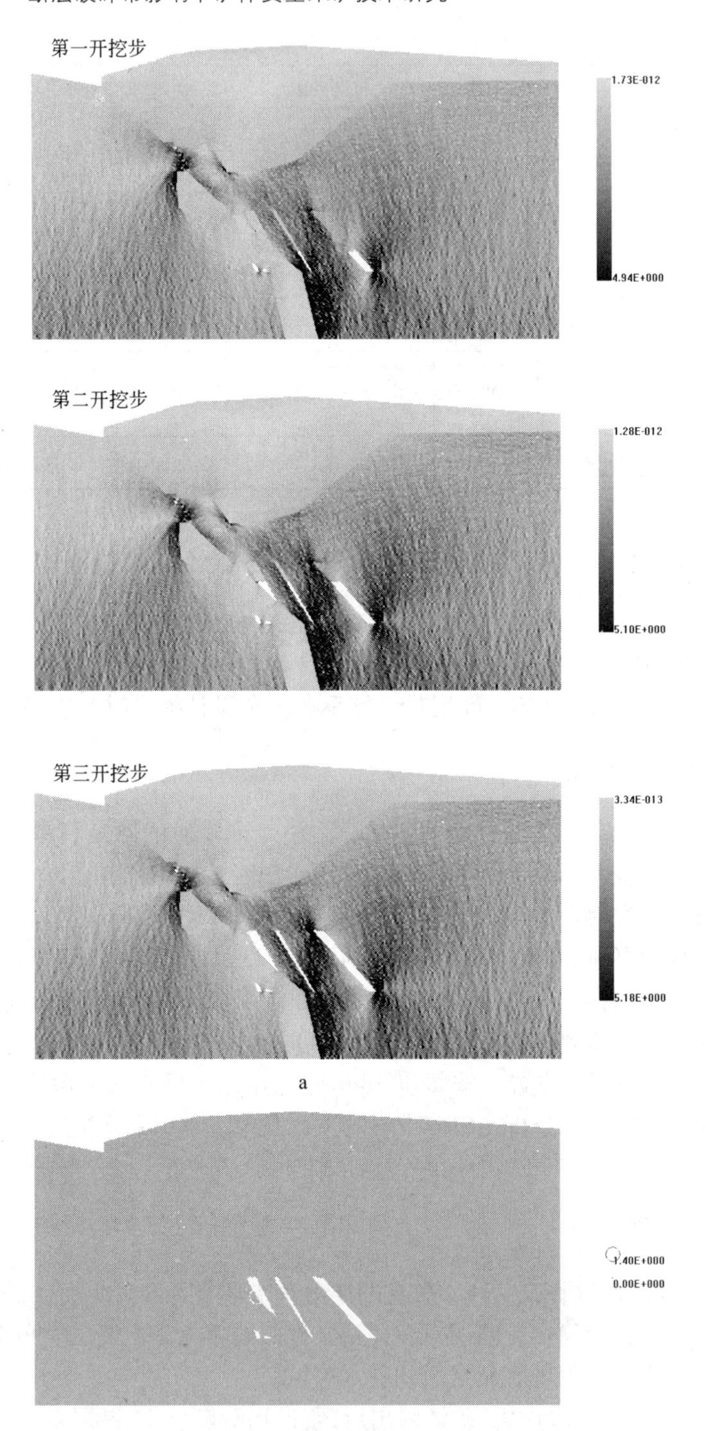
第一开挖步
1.73E-012
4.94E+000
第二开挖步
1.28E-012
5.10E+000
第三开挖步
3.34E-013
5.18E+000
a
1.40E+000
0.00E+000
b

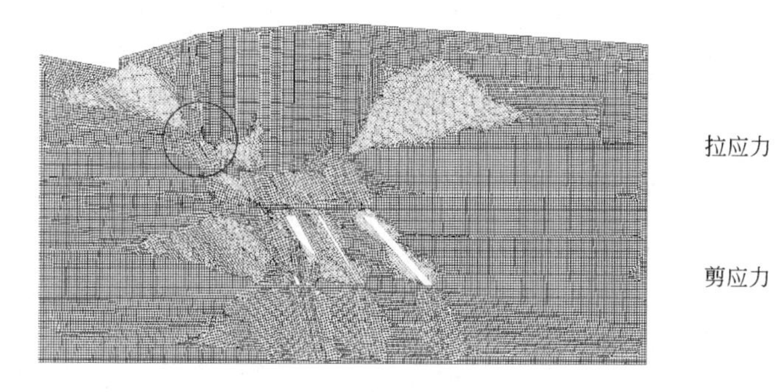

c

图7－9 23线－10剖面岩体数值模拟计算结果
a—剪应力场；b—岩体破坏声发射分布图；c—岩体损伤区域分布图

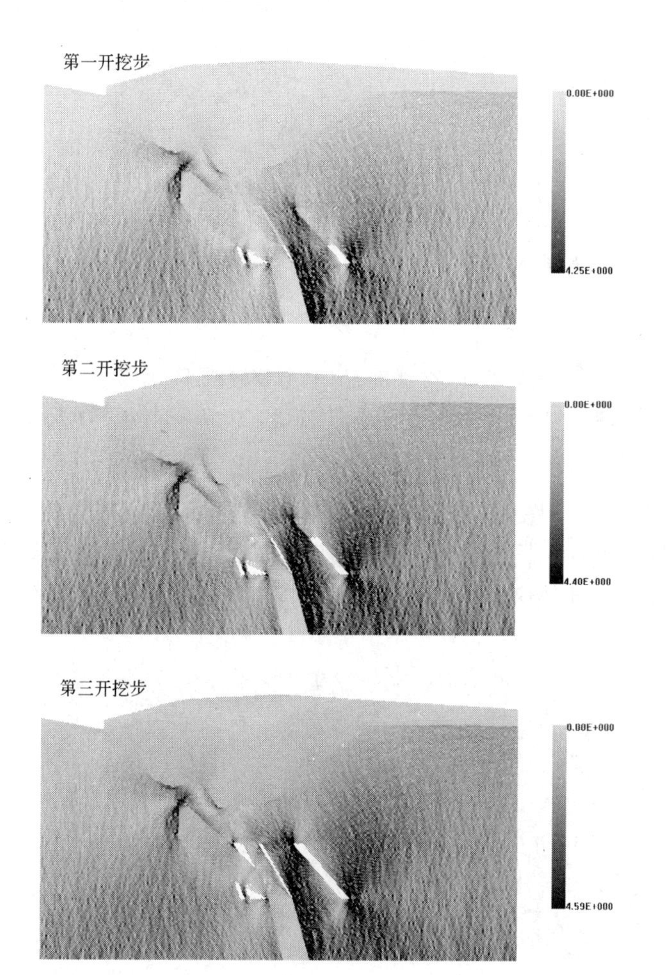

a

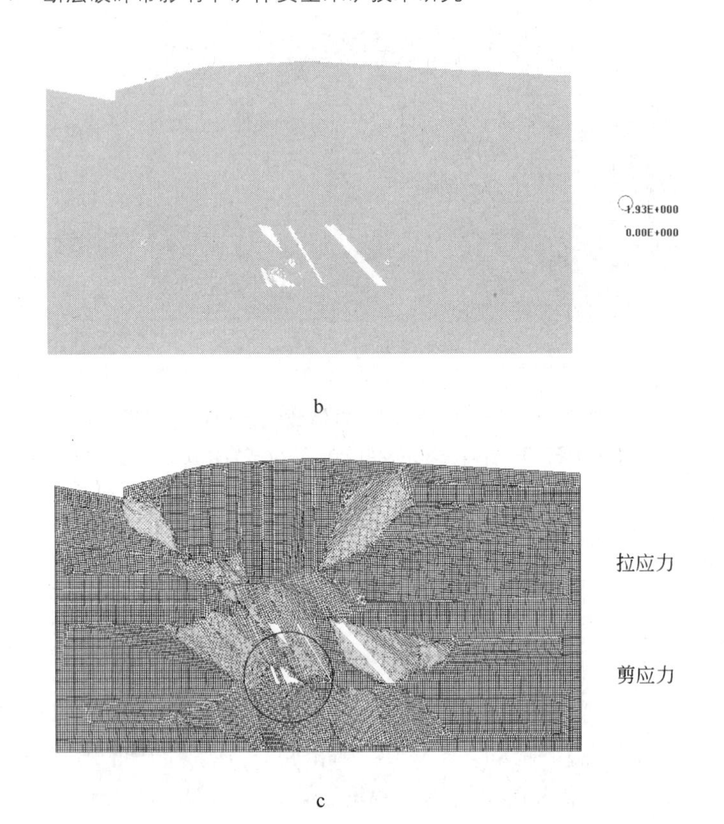

图 7－10　23 线剖面岩体数值模拟计算结果

a—剪应力场；b—岩体破坏声发射分布图；c—岩体损伤区域分布图

23 线 +10 剖面（图 7－11），空区揭穿断层带，断层带有较大面积的暴露，断层带将有损伤破坏，同时断层上角端部的局部损伤，容易形成与露天坑底相贯通的导水裂隙，因此该区域断层带对围岩的整体稳定性有较大影响。

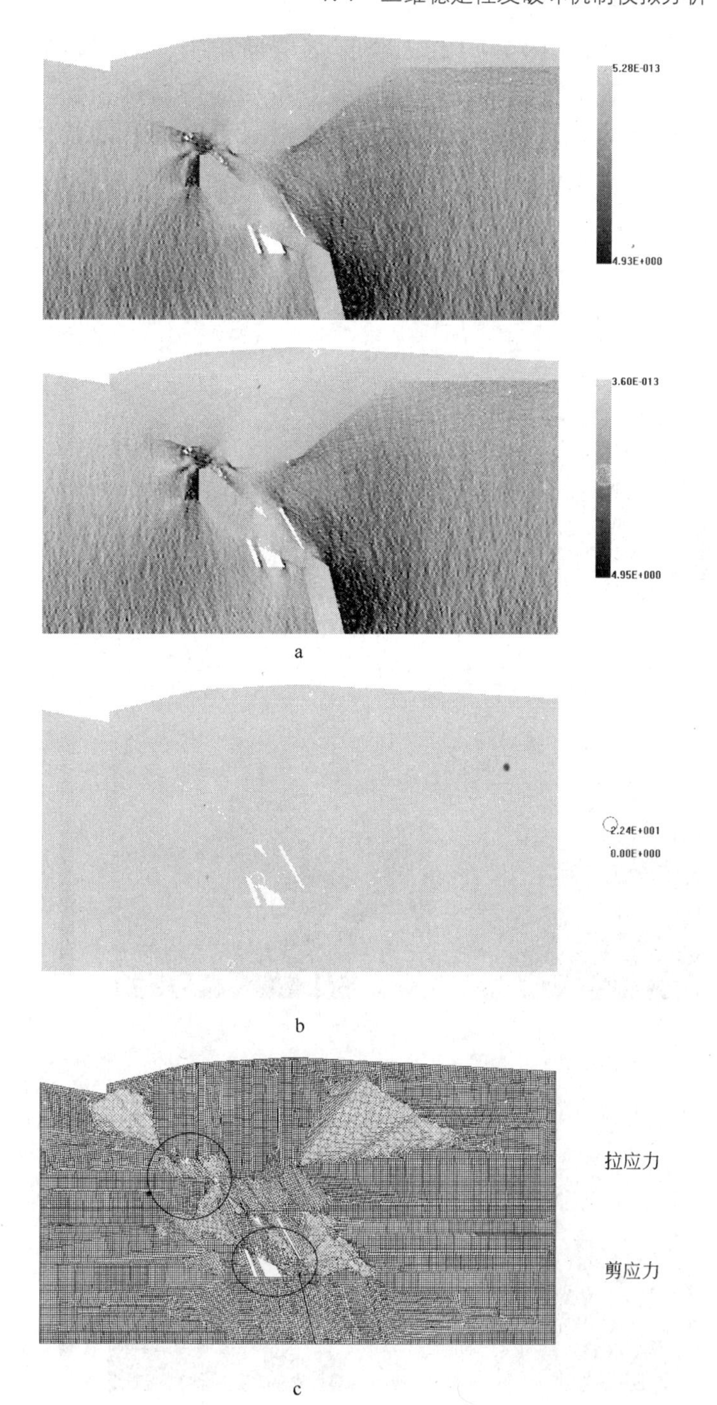

图 7-11 23 线 +10 剖面岩体数值模拟计算结果

a—剪应力场；b—岩体破坏声发射分布图；c—岩体损伤区域分布图

23线+20剖面（图7－12），空区揭穿断层带，断层带有较大面积的暴露，断层带将有损伤破坏，同时断层上角端部的局部损伤，容易形成与露天坑底相贯通的导水裂隙，因此该区域断层带对围岩的整体稳定性有较大影响。

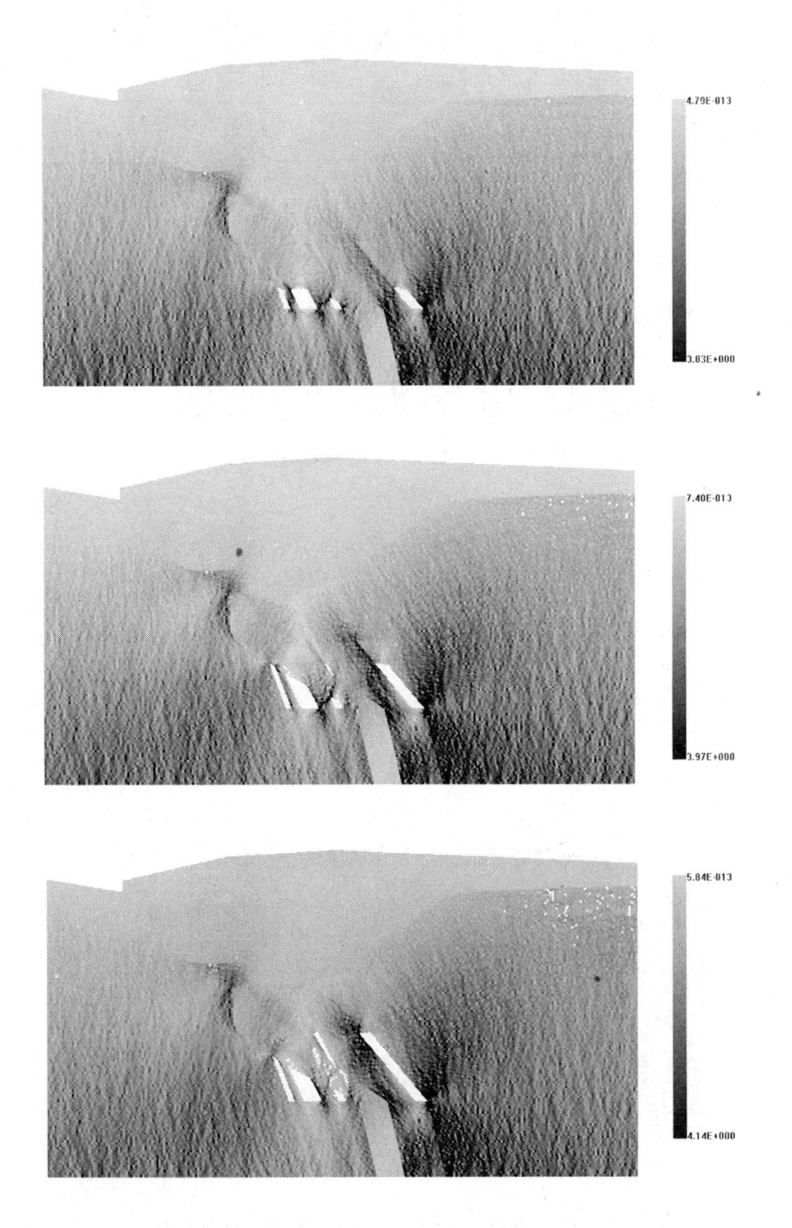

a

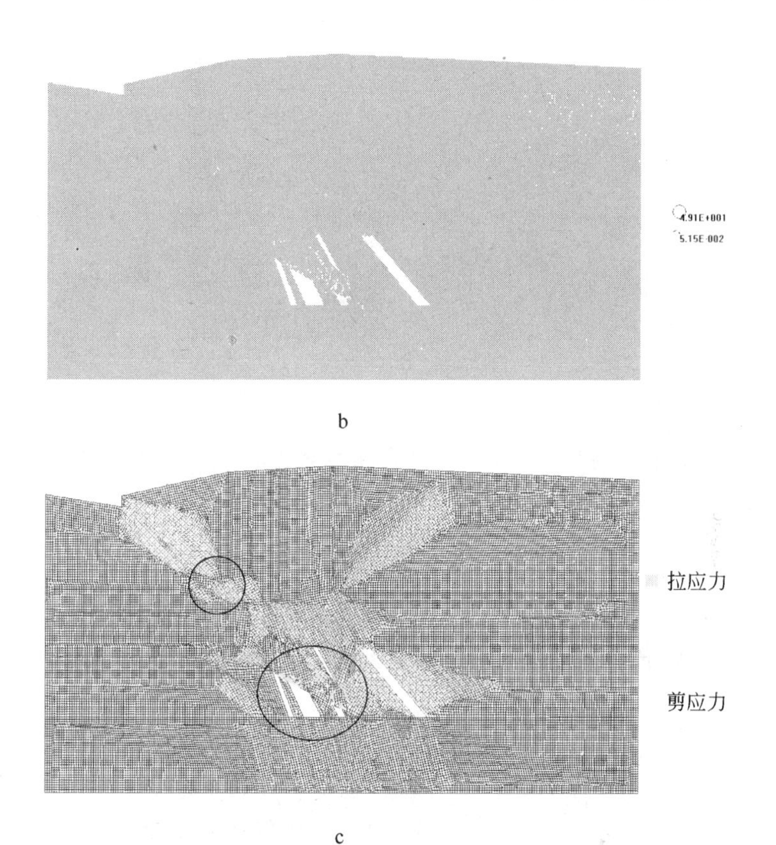

b

c

图 7－12　23 线＋20 剖面岩体数值模拟计算结果

a—剪应力场；b—岩体破坏声发射分布图；c—岩体损伤区域分布图

24 线剖面（图 7－13），M2 矿体采出后，由于空区揭穿断层带，所以引起断层、围岩体大面积破坏。

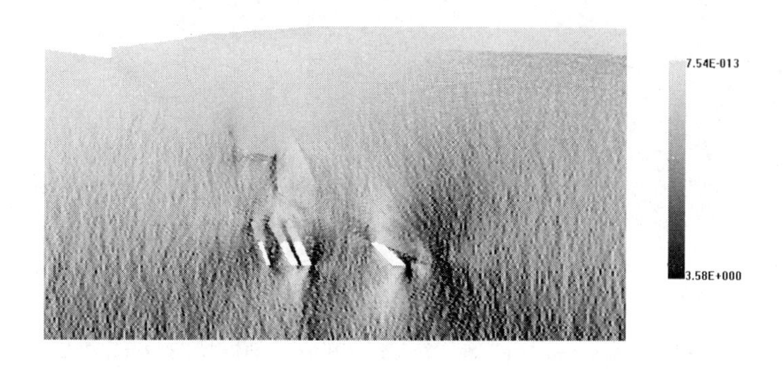

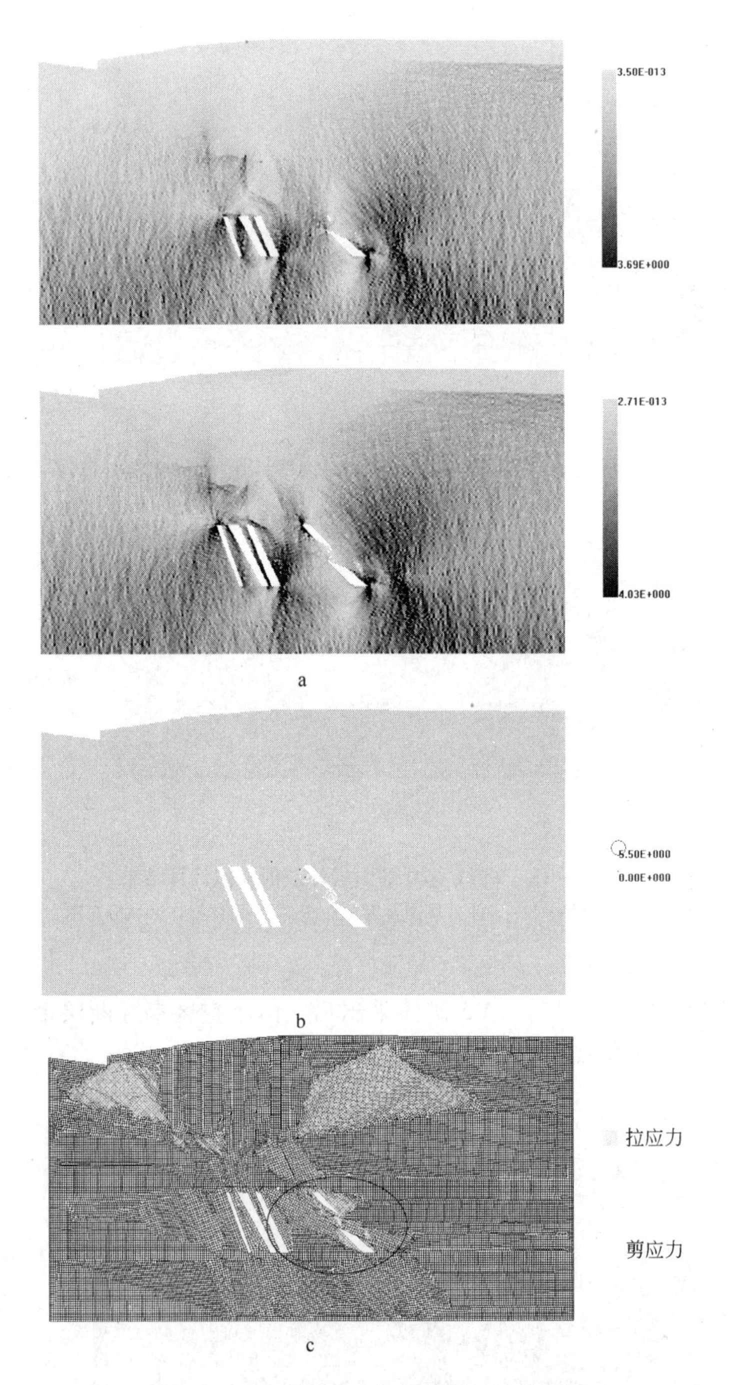

图 7-13　24 线剖面岩体数值模拟计算结果

a—剪应力场；b—岩体破坏声发射分布图；c—岩体损伤区域分布图

F18－10 剖面（图 7－14），该区域 F18 断层带对空区围岩整体稳定性影响不大，围岩整体稳定性良好。

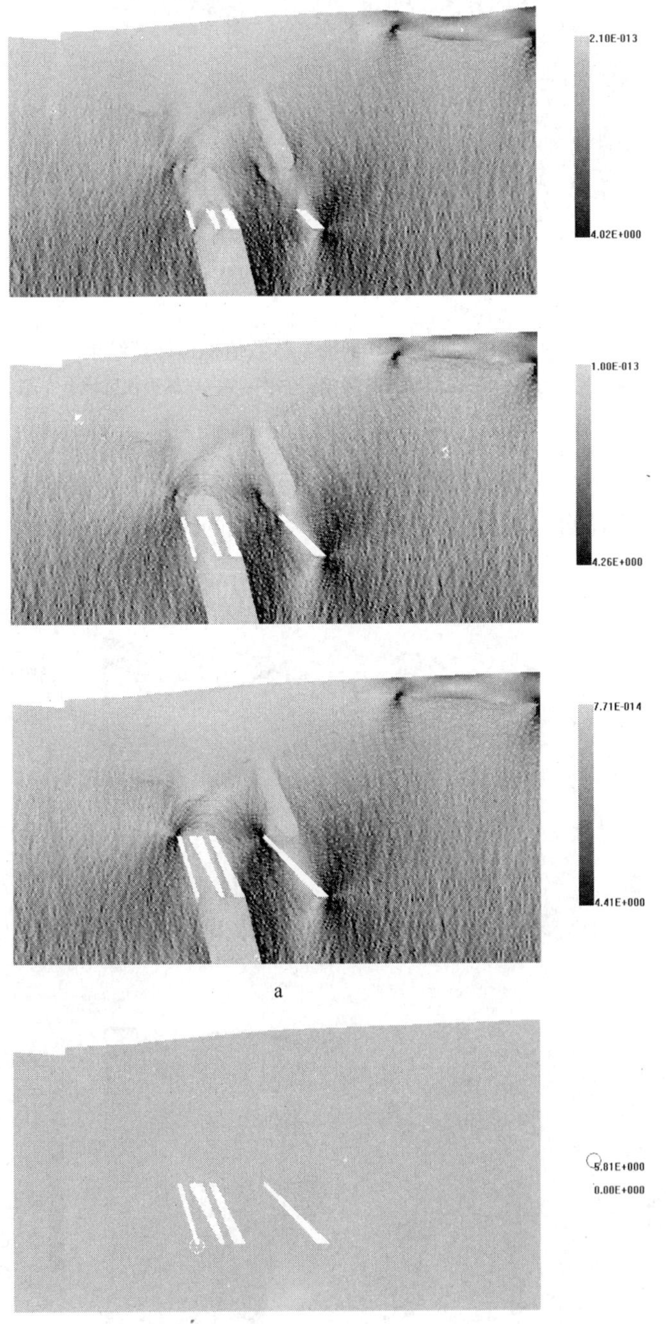

a

b

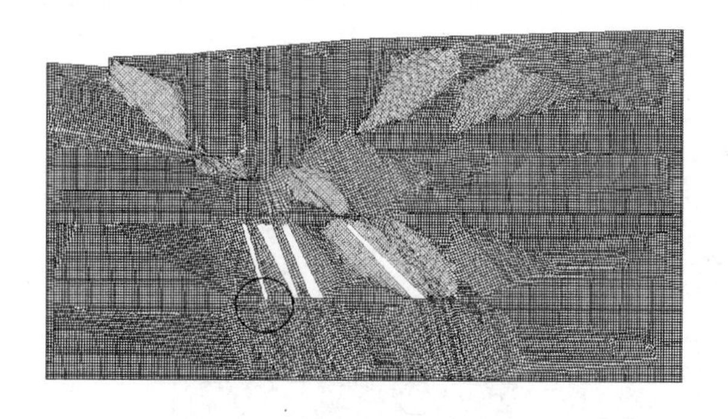

c

图 7 - 14　F18 - 10 剖面岩体数值模拟计算结果
a—剪应力场；b—岩体破坏声发射分布图；c—岩体损伤区域分布图

25 线剖面（图 7 - 15），M2 矿体采出后，F18 断层带被揭穿，并产生大面积暴露，断层带岩体自稳能力差，因此出现大面积的跨落。

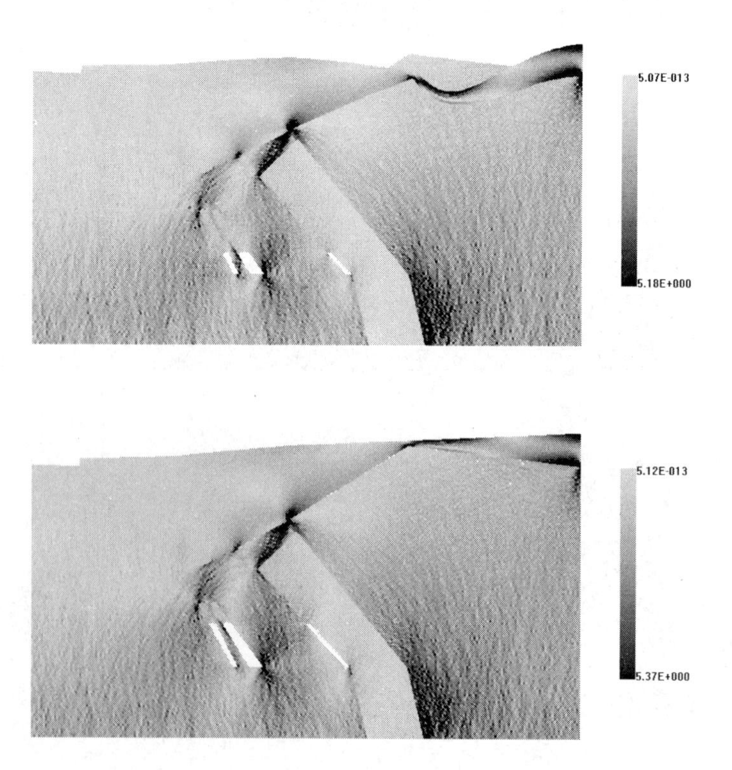

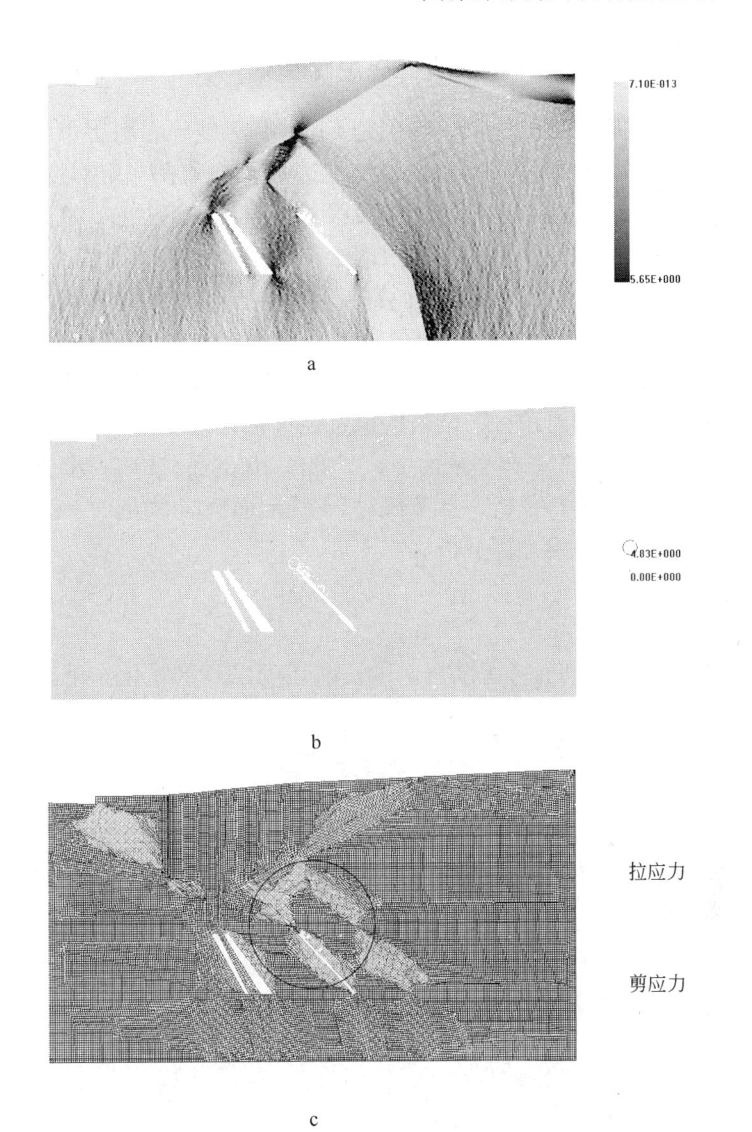

图 7－15 25 线剖面岩体数值模拟计算结果
a—剪应力场；b—岩体破坏声发射分布图；c—岩体损伤区域分布图

计算结果表明，所分析的 7 个典型剖面中，仅有 23 线 －10 剖面，F18 －10 剖面处于基本稳定状态，23 线剖面、23 线 +10 剖面、23 线 +20 剖面、24 线剖面、25 线剖面都是较危险剖面，受断层破碎带影响，围岩稳定性差，易造成大面积围岩塌落的情况（对 24 线剖面、25 线剖面的分析结果亦是如此），应对断层破碎带位置采取相应的安全措施。

7.4.3 考虑水弱化作用和长期强度时稳定性分析

考虑到露天坑底水体的作用，特别是F18～F19破碎、断层带区域内导水裂隙发育，水渗流势必对顶柱、围岩的稳定性造成影响，在一定程度上影响顶柱、围岩体的抗剪强度；同时考虑到，该中段服务年限为3年左右，矿体和围岩的强度随时间要降低。而顶柱在此服务年限内必须保持一定的稳定性，能够保证地下开采生产的安全进行。因此在本节计算分析时，把露天坑底约20m的回填土的密度ρ用湿容重ρ'（$\rho'=1.2\rho$）代替，同时，考虑水的弱化作用和岩体的长期强度效应，进行计算时，矿体和围岩的内聚力C和摩擦角φ都减小到原来的70%，在这种情况下，进一步对顶柱、围岩的稳定性进行分析。

7.4.2节所分析的7个典型剖面中，23线－10剖面，F18－10剖面处于基本稳定状态，这里不再进行分析，本节仅对23线剖面、24线剖面、25线剖面4个危险剖面做进一步的二维计算分析。

7.4.3.1 23线剖面

图7－16是23线剖面考虑围岩矿体长期强度以及水弱化作用后的损伤区域

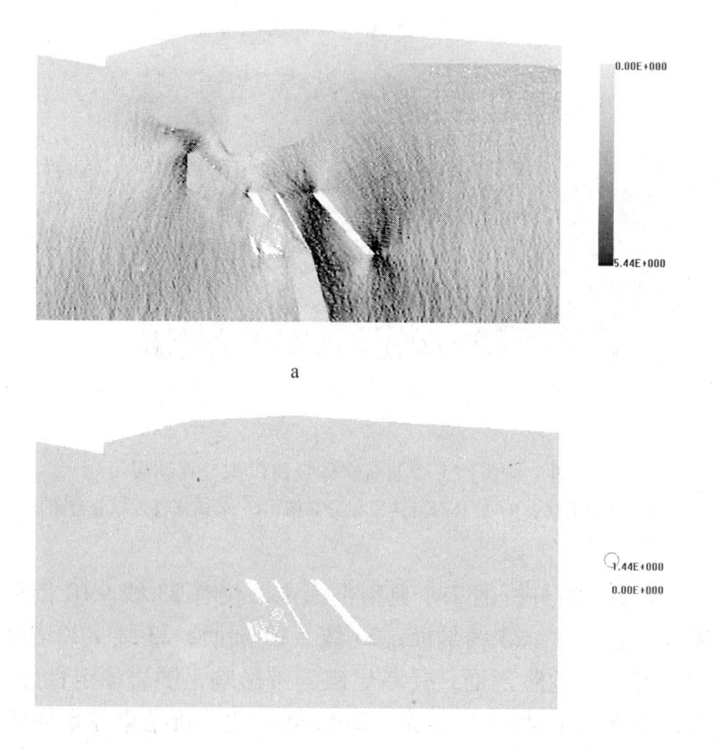

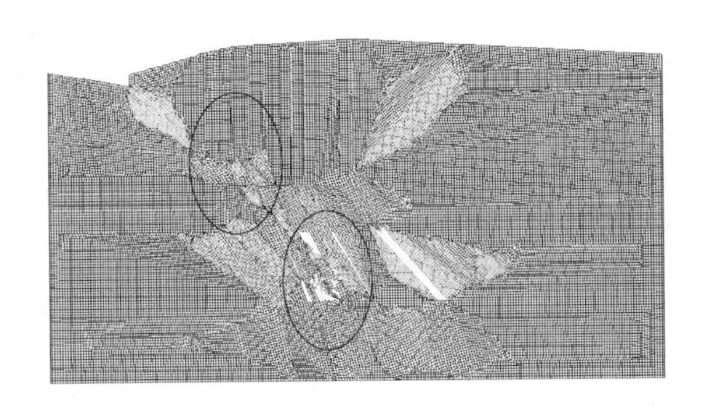

c

图 7－16 23 线剖面岩体数值模拟计算结果

a—剪应力场；b—岩体破坏声发射分布图；c—岩体损伤区域分布图

分布，从图中可以明显看到由于围岩强度的降低，地下开采后在断层带区域出现了更强的损伤与破坏，除此之外，在断层带上角端也出现破坏。因此考虑围岩矿体长期强度以及水弱化作用后，断层带对围岩整体稳定性的影响更加明显，在破碎带区域需要大力采取加强支护措施。

7.4.3.2 24 线剖面

图 7－17 是 24 线剖面考虑矿岩长期强度、水弱化作用后计算所得的剪应力分布、声发射和损伤区域分布图。由矿岩强度降低到 70%，地下开采使得矿岩更加容易发生屈服破坏。空区揭露的断层带易破碎，有可能发生大的顶板冒落，对整个采场的安全构成威胁。

7.4.3.3 25 线剖面

图 7－18 是 25 线剖面考虑矿岩长期强度、水弱化作用后计算所得的剪应力

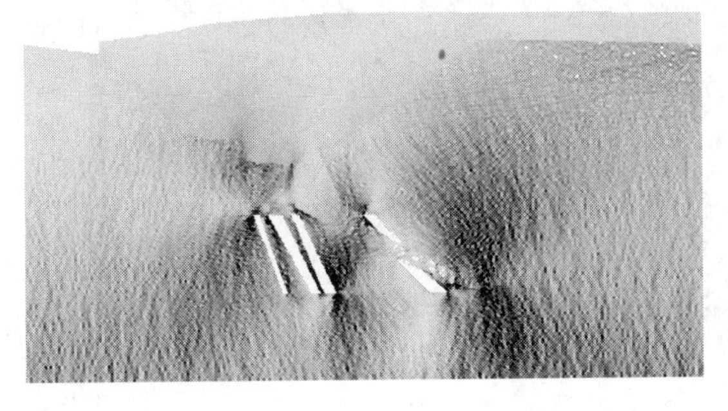

a

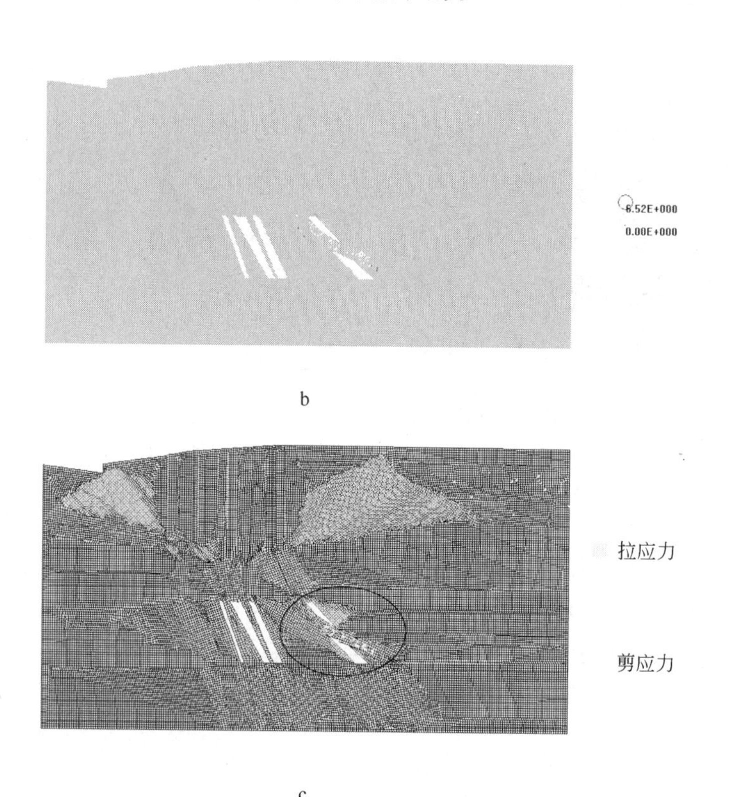

图 7－17　24 线剖面岩体数值模拟计算结果

a—剪应力场；b—岩体破坏声发射分布图；c—岩体损伤区域分布图

分布、声发射和损伤区域分布图。由矿岩强度降低到 70%，地下开采使得矿岩更加容易发生屈服破坏。空区揭露的断层带完全破碎，极易发生大的顶板冒落，对整个采场的安全构成严重的安全隐患。

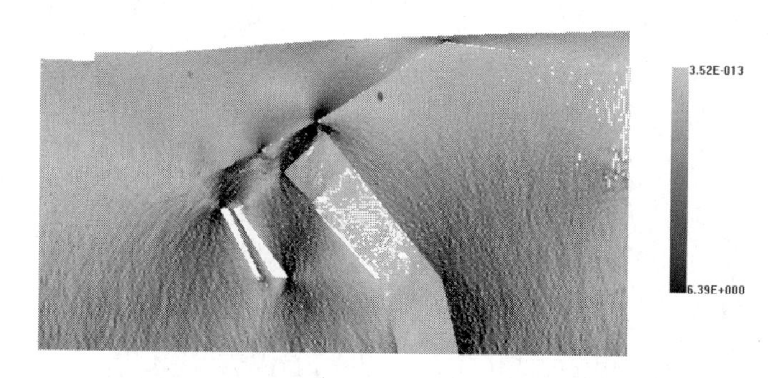

a

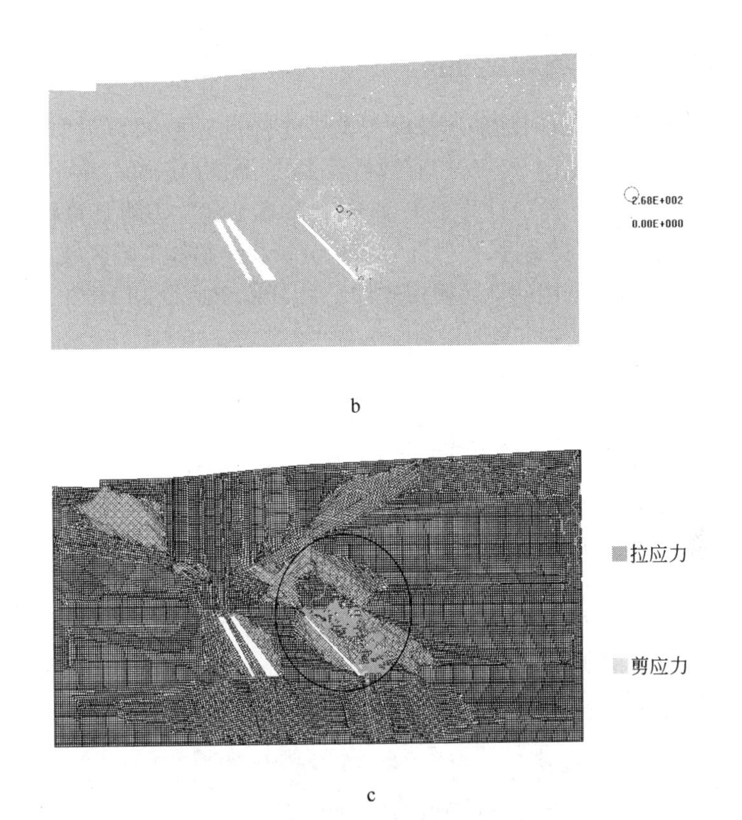

图 7－18　25 线剖面岩体数值模拟计算结果

a—剪应力场；b—岩体破坏声发射分布图；c—岩体损伤区域分布图

计算结果表明，在考虑矿岩长期强度、水弱化作用后，F18、F19 断层破碎带对矿岩整体稳定性的影响更加明显，即考虑矿岩长期强度、水弱化作用后，23 线－10 剖面、23 线剖面、23 线＋10 剖面、24 线剖面、25 线剖面都不足以保持顶柱围岩的长期稳定性，都有可能发生冒落破坏，特别是 23 线剖面、23 线＋10 剖面、24 线剖面、25 线剖面所在区域需要加强支护措施。

值得指出的是以上各个计算模型中的边界处（特别是左右边界区域）的零碎损伤区是由于边界约束效应引起的，属于低应力水平的破坏。在用其他软件计算时，也会得到类似的结果，如果在计算过程中引入无拉应力调整，或许会减少模型边界区域的损伤破坏程度，但这同时也可能导致计算精度的降低。

同时由于该矿体开采为三维空间结构，由于矿房长度大大超过它的宽度，间柱长度和矿房长度比很小，所以以上各个剖面计算按二维平面应变处理基本合理，但是没有考虑沿矿体走向每 50m 一个 8m 间柱的支撑作用，夸大了顶柱的破坏程度，需要进一步建立三维模型进行校核。

7.5　三维背景应力场计算分析

石人沟铁矿地下开采时的矿房长度大大超过它的宽度,可以近似按照二维平面应变问题建模分析,但是由于矿房中有数量较多的间柱存在,而二维平面应变模型没有考虑间柱的支撑作用,所以计算结果偏于保守,本节建立三维计算模型,更为真实地模拟分析矿柱围岩的稳定性,以及通过应力分析找出整体危险区域,以便于对其采取相应的支护措施,所采用的计算模拟软件仍为 MSC. Patran 和 MSC. Nastran。

7.5.1　计算模型及方案

应用 MSC. Patran 软件建立从 22 线到 26 线的整个矿山模型，包括回填物、围岩、矿体、断层。模型范围坐标为：X：－130.000～350.150m；Y：－200.000（26 线）～179.000m（22 线）；Z：－148.600～120.000m，主要考察区域是 F18 和 F19 断层之间的矿体，模型全部采用六面体单元，在 X 和 Y 向采取各自方向限制，底面完全固定，上表面采用自由的约束方式，模型只分析在重力作用下的应力分布情况，模型中各种材料的力学性质是根据物理实验得到的，详细数据请参考表 7－3。模型示意图见图 7－19。最后利用 MSC. Nastran 进行计算，计算结果再到 MSC. Patran 中显示，并且进行处理。

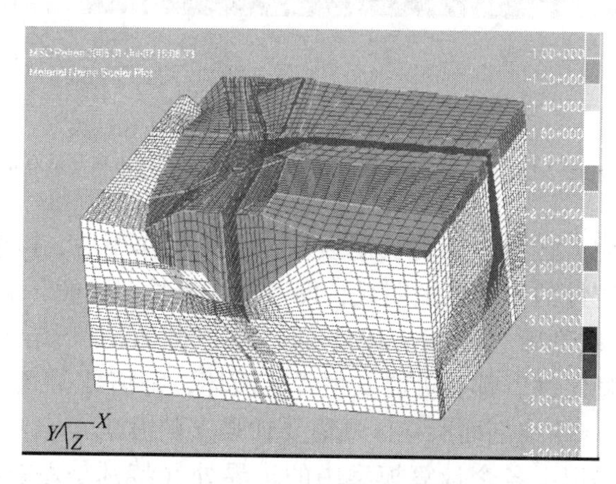

图 7－19　三维模型网格图

根据软件的特点矿房一步完成，顶柱位置选择上一个报告中论述的最安全位置－6m，把－6～－60m 矿体都作为矿房采出。模型没有分布开挖，直接计算整个矿房被开挖后的情况，根据经验其结果应该比分步开挖应力稍大一些，这样做也是符合保守分析的宗旨。

模型中的关键部位是指位于四条矿体同 F18 断层和 F19 断层之间的部分。为了说明问题的方便，对各矿体分别编号为Ⅰ、Ⅱ、Ⅲ、Ⅳ矿体（图 7－20）。

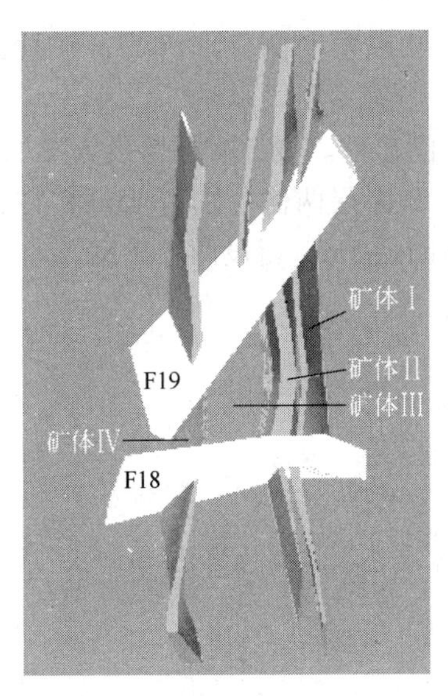

图7－20 矿体与F18和F19断层的关系图

方案一：留设两个中间矿柱。设计矿柱留设方案如图7－21所示，F18断层

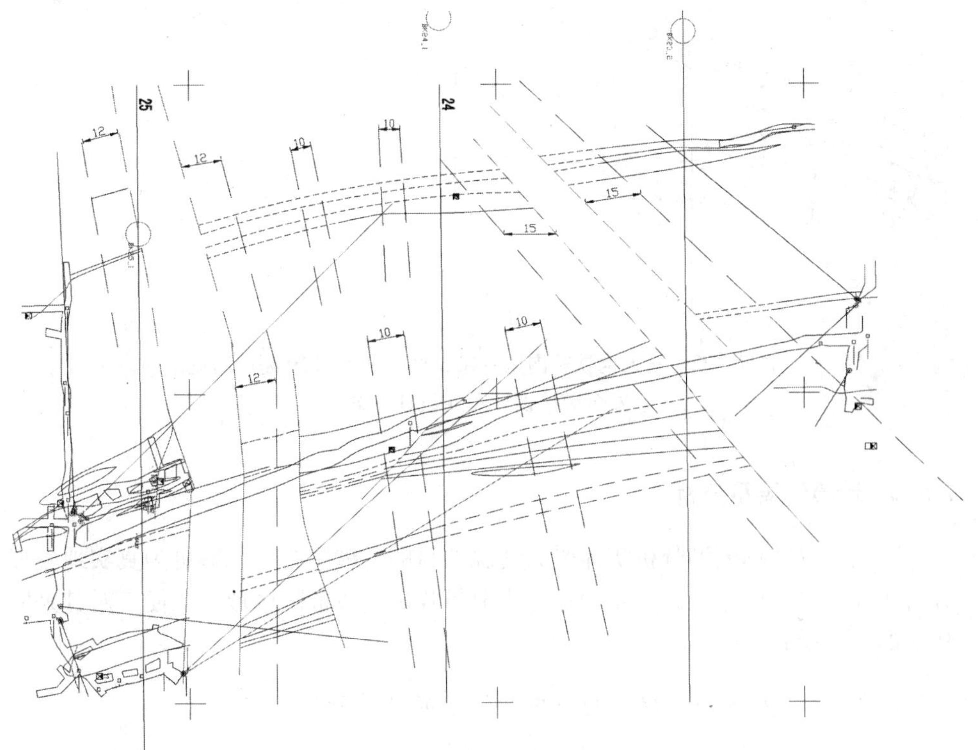

图7－21 石人沟铁矿南区－60m水平F18、F19断层附近安全矿柱设计图（设计方案）

两侧分别留 12m 矿柱，F19 断层两侧分别留 15m 矿柱，断层之间的矿体留两个 10m 矿柱，三个矿房。

方案二：留设一个中间矿柱。设计矿柱留设方案如图 7－22 所示，F18 断层两侧分别留 12m 矿柱，F19 断层两侧分别留 15m 矿柱，断层之间的矿体留一个 20m 矿柱，位置偏于 F19 断层 5m，留设两个矿房。

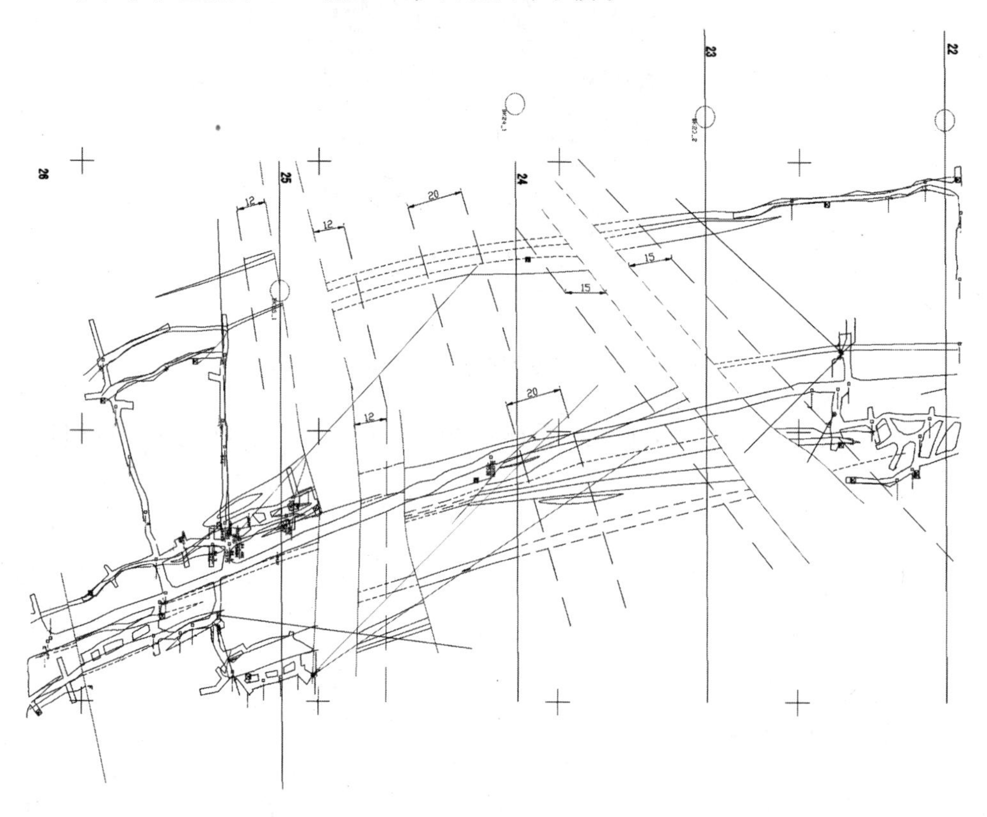

图 7－22　石人沟铁矿南区－60m 水平 F18、F19 断层附近安全矿柱设计图（设计方案）

7.5.2　计算结果及分析

建立三维计算模型分析矿体受力情况的目的，就是为了能够更为真实地模拟分析矿柱围岩的稳定性，以及通过应力分析找出整体危险区域，以便于对其采取相应的支护措施。

7.5.2.1　方案一：留设两个中间矿柱的计算结果

从图 7－23 我们可以看出，整个模型应力最为集中的位置是 F19 矿体与矿体

Ⅳ相交位置，此处是应力严重集中位置，是矿区最为危险的地带，F18断层两侧应力均匀。

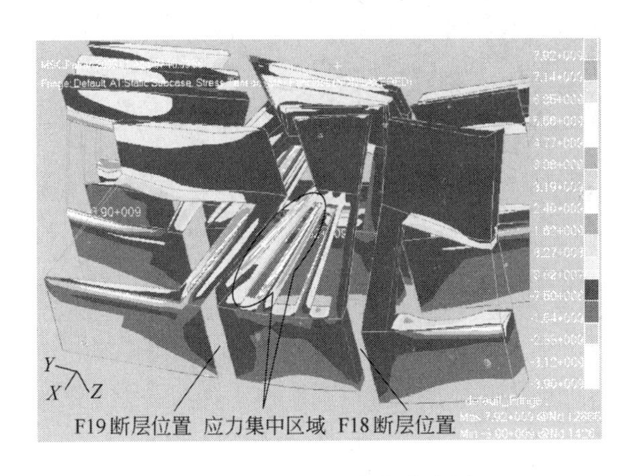

图7－23　矿区最大主应力图

从图7－24中我们可以清楚看到，F19断层与矿体Ⅲ和矿体Ⅳ相交的位置下沉量最大。从图7－25中，我们也很直观看到矿体Ⅳ中的矿柱受力比较集中。

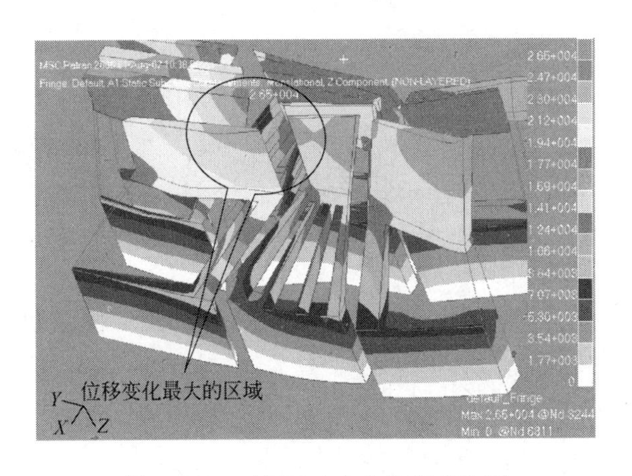

图7－24　矿区重力方向位移变化图

从模拟结果我们可以得出，F19断层两侧的矿体Ⅲ和矿体矿柱尺寸需要加大到20m才能保证安全，同时此区域要做好锚固措施。矿体Ⅲ和矿体Ⅳ间柱尺寸也要相应增加，增加到12～15m可以保证安全。对于F18断层两侧矿体可以按照原设计尺寸的12m矿柱开采。图7－26为石人沟铁矿南区－60m水平F18、F19断层附近安全矿柱留设布置图。

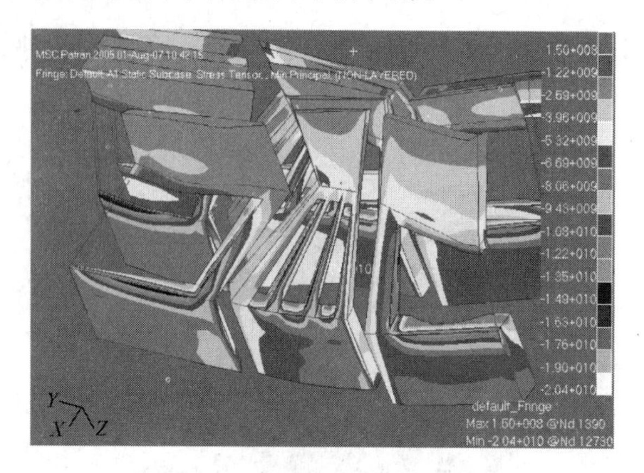

图 7－25　矿区最小主应力图

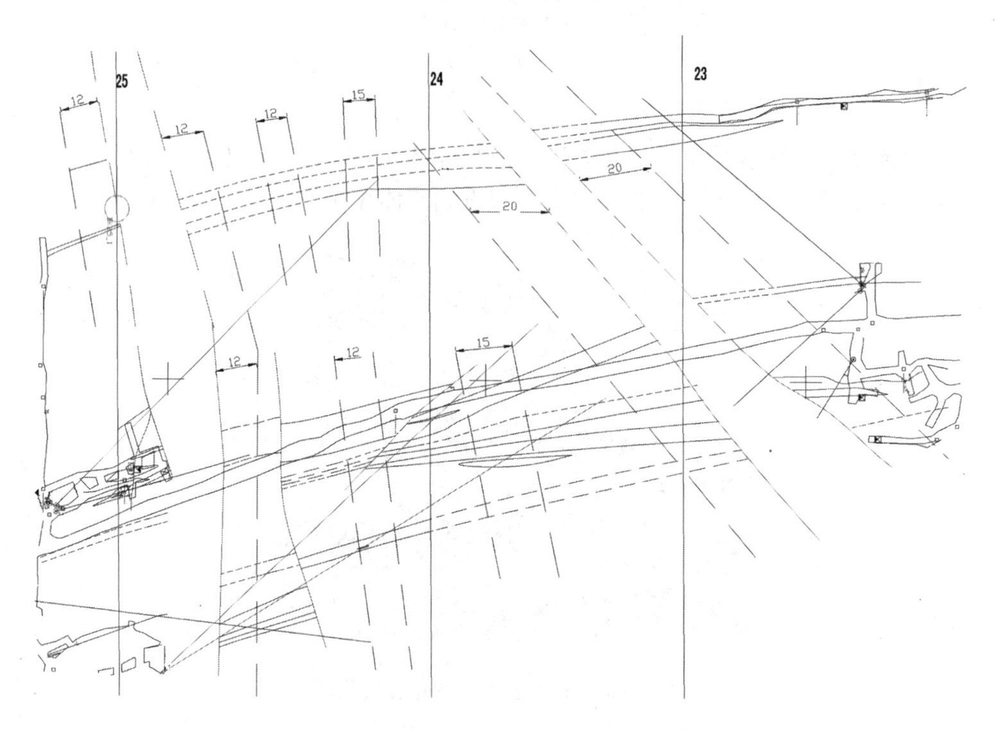

图 7－26　石人沟铁矿南区－60m 水平 F18、F19 断层附近
安全矿柱留设布置图（根据方案一建议）

7.5.2.2　方案二：留设一个中间矿柱的计算结果

从图 7－27 ~ 图 7－32 可以看到，Ⅳ号矿体，只留设一个矿柱，可以维持稳定，但是Ⅰ、Ⅱ、Ⅲ号矿体都不能保证绝对的稳定。

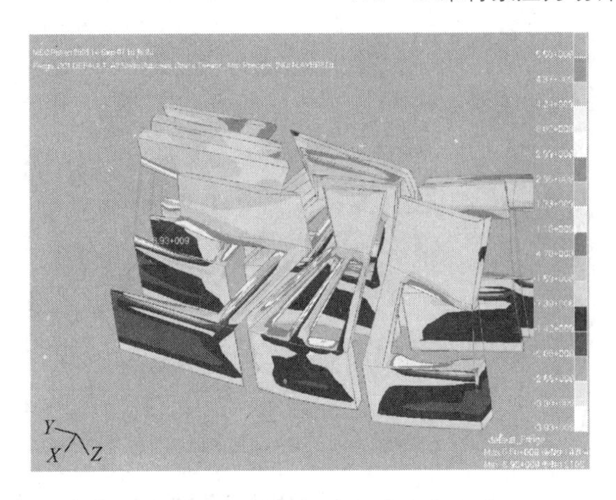

图 7－27　矿区最大主应力图（正视图）

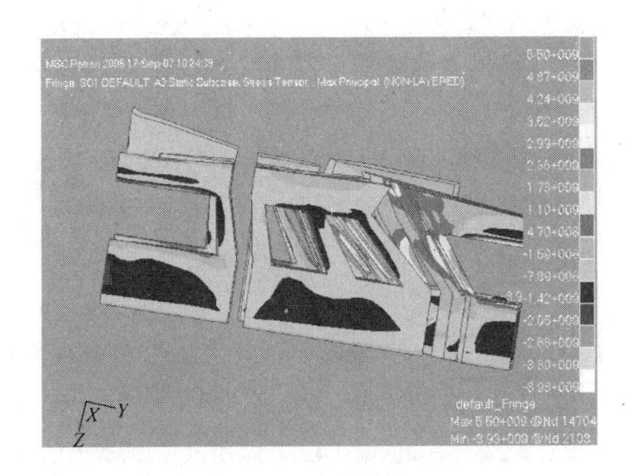

图 7－28　矿区最大主应力图（后视图）

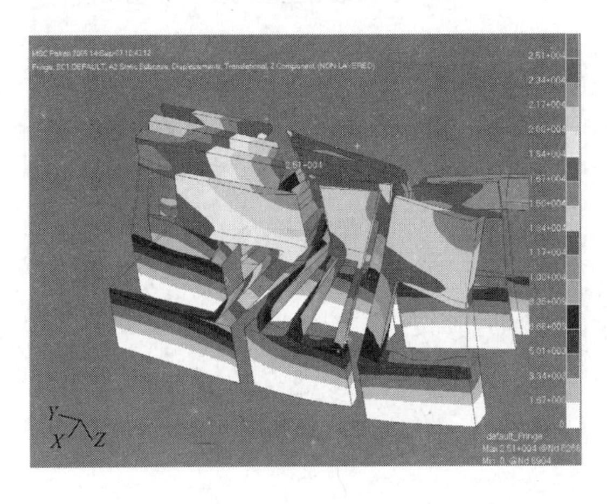

图 7－29　矿区重力方向位移变化图（正视图）

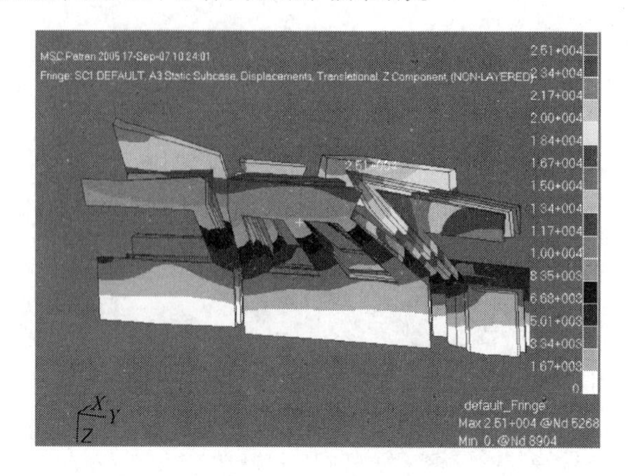

图 7 – 30　矿区重力方向位移变化图（后视图）

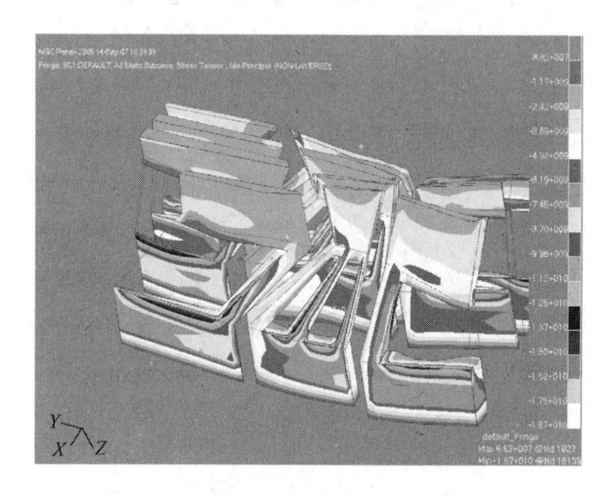

图 7 – 31　矿区最小主应力图（正视图）

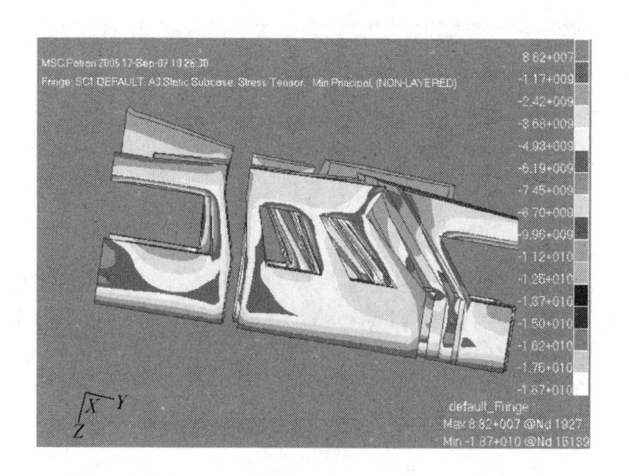

图 7 – 32　矿区最小主应力图（后视图）

三维计算结果表明，按照原第一个设计方案，F19 断层两侧矿柱为 15m，F18 断层两侧矿柱为 12m，在两个断层之间的矿体内开设两个分别为 10m 的中间矿柱和三个矿房。对于 F18 断层两侧的矿体围岩能够保证安全生产，但是对于 F19 断层两侧矿体稳定性较差不能保证安全生产，因此需要做出调整，具体调整参考图 7－26。

按照原第二个设计方案，F18 断层两侧分别留 12m 矿柱，F19 断层两侧分别留 15m 矿柱，断层之间的矿体留一个 20m 矿柱，位置偏于 F19 断层 5m，留设两个矿房。对于矿体Ⅳ能够保证稳定，但是其他矿体存在安全隐患，再根据第一个方案的结果，最后建议矿柱的留设按照图 7－33 进行调整。

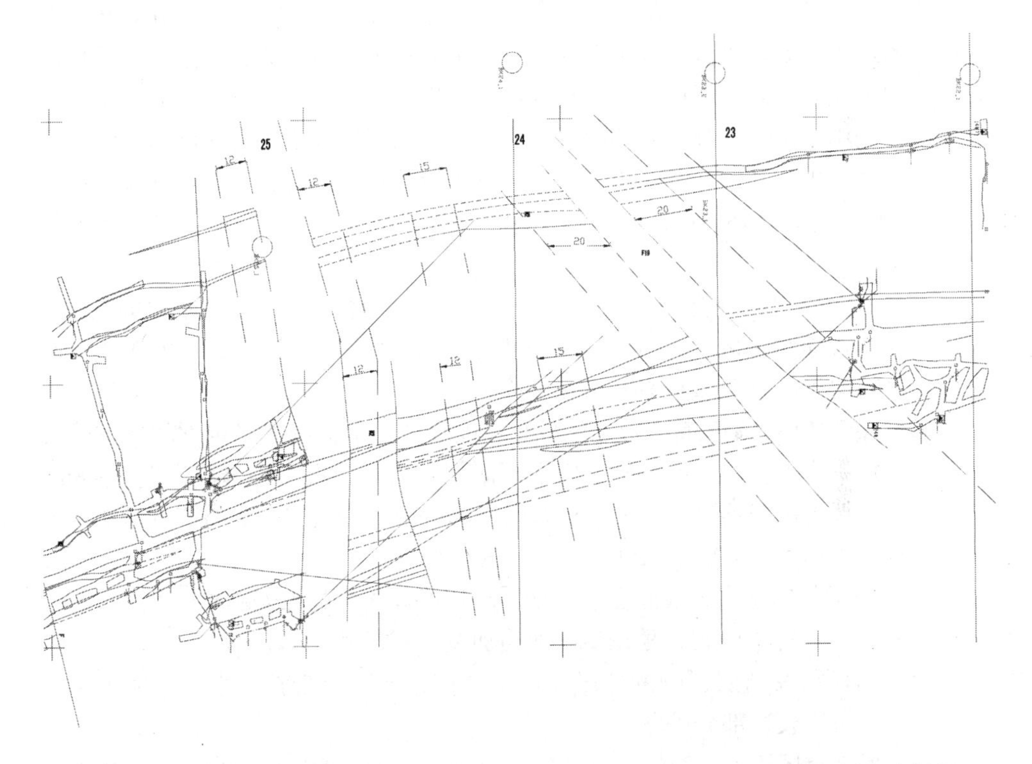

图 7－33 石人沟铁矿南区－60m 水平 F18、F19 断层附近安全矿柱留设布置图（建议）

虽然 F18 断层两侧的矿体稳定性较好，但是也不能忽视断层以及其附近的破碎带的影响，要根据具体情况尽量高强度地加固。

在调整矿体Ⅲ和矿体Ⅳ的同时，矿体Ⅰ和矿体Ⅱ最好同时增加间柱尺寸，这样不致将应力转移到其他预想不到的区域时发生意外。

上述结论是在矿房完全采完后分析，在实际的采矿过程中，不会产生如此大的应力变化，但也为了安全生产，在 F19 断层保留一定的永久支撑矿柱。

7.6　矿石储量及可采出矿石量

南区 0 ~ 600m 水平 F18 ~ F19 破碎断层之间地质储量约为 450 万吨，但是按照初步的稳定性分析计算、设计，需要留有一定的安全矿柱，按照生产最安全设计（F18 ~ F19 之间布置 3 矿房、2 矿柱）、最保守储量（仅计算主巷两侧 M1、M2，西侧远离主巷的未探明储量不计）计算，预计可采出矿石量约为 200 万吨。该部分矿石量的安全采出，将为矿山创造可观的经济效益。

7.7　建议采矿方案及支护方案

待采空区形成后，F19 破碎带容易产生大规模的卸荷裂隙，因此近 F19 的保安矿柱的尺寸、展布位置对整个矿区的安全十分重要。本章研究通过开展现场调查和详细的地质、采矿资料分析，现场取样及岩石力学参数测试，建立了矿体力学模型。应用二维、三维数值模拟方法，进行了断层影响下采空区围岩稳定性评价和敏感性分析，并进行了地质储量、经济指标分析，综合各种分析方法，考虑到南区 -60m 中段 F18 ~ F19 破碎及断层的影响，对该区段的采矿技术方案做如下建议：

（1）经综合对比分析，本结论倾向于采用第一种矿柱布置方案，即在 F18 断层两侧留设至少 12m 保安矿柱，F19 断层两侧留设至少 20m 的保安矿柱，两个断层之间留设两个 12m 间柱，开采 3 个矿房。

（2）鉴于 F18 ~ F19 断层带之间矿脉厚度较薄、上盘围岩稳定性较差，建议采用小分段矿房采矿法，即在矿块内沿倾向划分成小分段，小分段高度 5 ~ 8m，在小分段内掘进凿岩巷道，崩下的矿石经底部运出。该采矿方法的特点是作业人员不在空区内作业，有效地保证采矿人员安全。

（3）为了长期生产，最好在两个断层附近留设永久的保安矿柱。

（4）对于破碎带附近，根据情况适当加宽矿柱尺寸。

（5）对断层及断层影响的矿段在回采之前，向断层带打泄水孔，泄水、疏干、减压，再回收这部分矿段。

在确保采空区不发生突冒、突涌的前提下，为了保证矿山安全生产，最大限度地回收矿产资源，对巷道支护方案提出如下建议：

（1）采用刚度及强度较高的钢筋网及复合锚杆托盘，从而能够充分转化围岩中膨胀性塑性能，并能最大限度地利用围岩的自承能力。

（2）采用锚索在关键部位进行二次支护，从而利用深部围岩强度达到对浅部围岩的控制。

（3）对于断层区域和破碎带区域要加强锚杆和锚网的密度，以确保围岩稳定。

（4）对于破碎严重的要使用马蹄形可塑性金属支架，支架背后铺设金属网，并喷射混凝土联合支护。

（5）由于F19断层附近是危险地域，发现问题及时加固。

在确保采空区不发生突冒、突涌的前提下，为了保证矿山安全生产，最大限度地回收矿产资源，除上述采矿方法及支护方案外，做如下建议：

（1）设计依据的地质报告为石人沟铁矿深部详查报告，勘探程度较低，而且水文地质数据也较少。因此，应加强地质勘探工作，需要进一步查清矿体赋存情况、构造和水文地质条件，为下一步采矿设计和生产提供可靠的数据。如果发现与本设计的地质资料相差很大的情况要及时提出，以便对设计进行及时调整，确保安全高效的采矿。

（2）井下生产初期的上部为废石场，设计留有安全顶柱。井下投产前应进行安全矿柱的试验工作，查清岩石应力分布情况，以确定井下采场矿柱尺寸，确保井下生产的安全。

（3）在井下矿柱崩落前，尽量将露天采场内积水通过现有排水设施排到采场外，以避免积水岩断层导水裂隙流入井下。

（4）在回风巷道内进行围岩变形观测和巷道剖面收敛测量，观测巷道顶底板位移变化情况。测点布置在巷道剖面的两帮及顶底板的中点，测点相距4m，采用十字量测法。每周2次，雨季每周3次。

7.8 小结

本章在现场勘查和详细的地质、采矿数据分析基础之上，进行了现场取样岩石力学参数测试，建立了矿体力学模型，应用数值模拟方法（主要应用RFPA和Patran & Nastran软件进行计算），进行了采空区围岩变形、破坏、断层影响及境界矿柱稳定性评价和安全矿柱设计影响因素敏感性分析，确定了该区段内的采矿方法以及巷道支护方案，为F18～F19破碎带及断层区段内铁矿石的安全采出奠定了安全技术基础。

该采矿方案用于指导矿山采矿生产，在确保安全的前提下，将该区段矿体有效地采出，补充了矿石产量，取得了可观的经济效益。随着地下开采的进行，形成了地下采空区，采空区的长期留存会引起围岩失稳破坏，进而产生灾害事故，因此，地下采空区必须进行及时处理，帮助地下开采安全。

8 采空区探测及稳定性分析

采空区的治理和残余矿柱的回采是地下开采矿山所面临的又一突出问题，特别是在周边或矿区内部存在非法采空区的情况下，会对露天转地下开采方案的实施及地下生产安全造成极大的威胁。因此探明矿区内采空区的方位、体积和形状，对于后继矿块及残余矿柱的开采安全及空区的治理方案都具有重要的作用。本研究课题运用物探、钻孔和 CMS 设备的实测等技术，在措施井、南采区北端、北分支和 F18 断层以南区域探测出 22 个本矿采空区，在矿区范围内测出 35 个非法采空区，并确定了封堵和充填两种治理方案，为三期工程生产安全及矿柱回采提供了依据，同时减轻了地表尾矿库的压力。

8.1 －60m 水平中段采空区调查及 CMS 探测

8.1.1 全区矿房现状详述

在井下采空区实测以前，先集中调查了井下采空区存在现状，并对可测空区与不可测空区在图纸上进行标注，调查范围包括－60m 水平与－16m 水平，全区设计图纸标有矿房 135 个，实际调查到的矿房数为 129 个（未包括－16m 水平矿房）。

根据矿山矿房划分情况，将全矿划分为八个块段：（1）F18 断层以南；（2）F18～F19 断层间；（3）南采区北端；（4）南分支；（5）北分支；（6）斜井采区；（7）措施井；（8）－16m 水平。经过调查并结合马鞍山矿山研究院之前对采空区进行探测的成果，整理了各块段采空区情况，见表 8－1。

表 8－1 石人沟铁矿－60m 水平采空区现状统计

项目	1 号矿段	2 号矿段	3 号矿段	4 号矿段	5 号矿段	6 号矿段	7 号矿段	合计
已测	4	—	6	—	5	1	12	28
可测	2	6	8	6	12	19	—	53
不可测	13	4	7	—	3	21	—	48
合计	19	10	21	6	20	41	12	129

8.1.2 采空区井下 CMS 探测

8.1.2.1 CMS 设备简介

CMS 是加拿大 Optech 研制的特殊三维激光扫描仪，其功能是采集空间数据信息（三维坐标 X、Y、Z），对于人员无法进入的溶洞、矿山采空区等，可用此设备扫测采空区内部数据，为矿山采掘规划、生产安全提供决策所需数据，既能辅助消减安全隐患，也可辅助减少矿体浪费。CMS 是 Cavity Monitoring System 的简称，直译为洞穴监测系统；也可理解为是 Control Measure System 的缩写，意即控制事态测量系统。它是由激光测距、角度传感器、精密电机、计算模块、附属组件等构成。

CMS 系统包括硬件和软件两个部分，硬件的基本配置包括激光扫描头，坚固轻便的碳素支撑杆，手持式控制器和带有内藏式数据记录器、CPU、电池的控制箱，如图 8-1 所示。

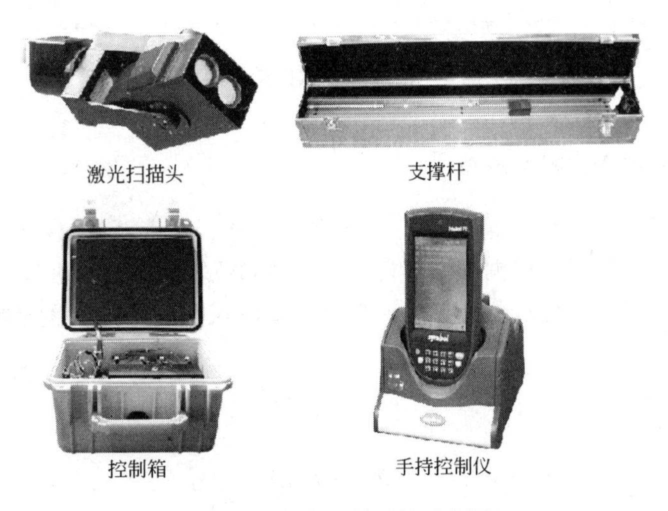

图 8-1 CMS 硬件系统示意图

软件系统主要包括 CMS 控制器自带的数据处理程序和 QVOL 软件，通过系统自带的软件可以对探测到的数据进行初步处理和成像，如图 8-2 所示。QVOL 软件具有友好的界面和简单的操作，能够实现空区的可视化，并对空区实施剖面，计算空区的体积和剖面面积，为后面的空区处理打下了基础。系统测得的数据格式为 TXT 文本，通过系统自带的数据转换程序可以将数据文件转换为 DXF 和 XYZ 文件，导入到 3Dmine 或者 Surpac 等 3D 建模软件中进行更为清晰的可视化处理。

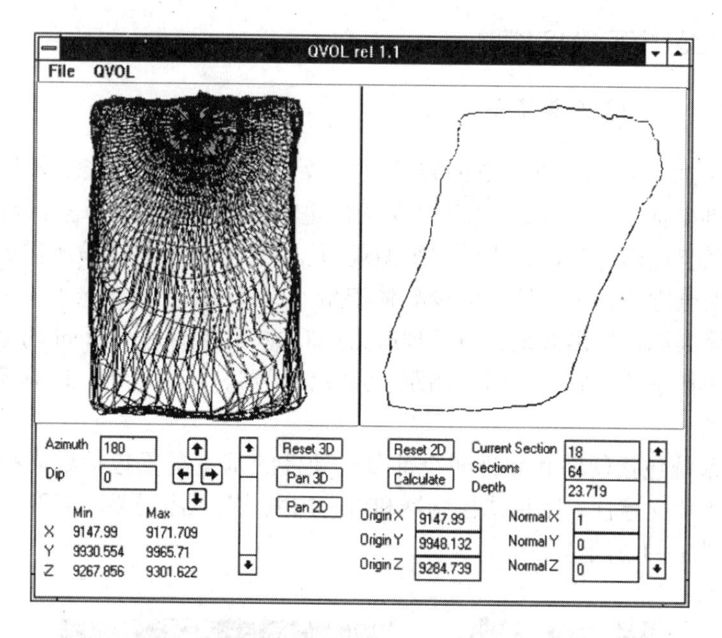

图 8 - 2　QVOL 软件操作界面

8.1.2.2　CMS 测量原理

CMS 内置激光测距、精密电机、角度传感器、补偿系统、CPU 等模块，仪器在开始工作之前，会依据补偿器自动设定初始位置，根据电机步进角度值和激光测距值，确定出目标点位置信息。系统自动默认仪器中心位置坐标为（0，0，0），依据

$$\begin{cases} X = SD\cos\alpha \\ Y = SD\sin\alpha \\ Z = SD\tan\beta \end{cases} \tag{8-1}$$

式中　X，Y，Z——未经转换的目标点三维坐标；

α——CMS 水平电机步进角度值；

β——CMS 纵向电机步进角度值；

SD——激光所测距离。

计算出目标点位信息，再根据起算数据平移、旋转，把目标点位置数据换算至用户坐标系统：

$$\begin{cases} X_n = X_0\cos\theta \\ Y_n = Y_0\sin\theta \\ Z_n = Z_0 + Z \end{cases} \tag{8-2}$$

式中　X_n，Y_n，Z_n——转换为用户坐标系后的空区内各点坐标；

X_0，Y_0，Z_0——CMS 中心点在用户坐标系中的位置数据；

θ——CMS 初始化后初始方位与用户坐标系中北方位夹角。

CMS 在进行测量时，激光扫描头伸入空区后做 360°的旋转并连续收集距离和角度数据。每完成一次 360°的扫描后，扫描头将自动地按照操作人员事先设定的角度抬高其仰角进行新一轮的扫描，收集更大旋转环上的点的数据。如此反复，直至完成全部的探测工具。工作原理如图 8－3 所示。

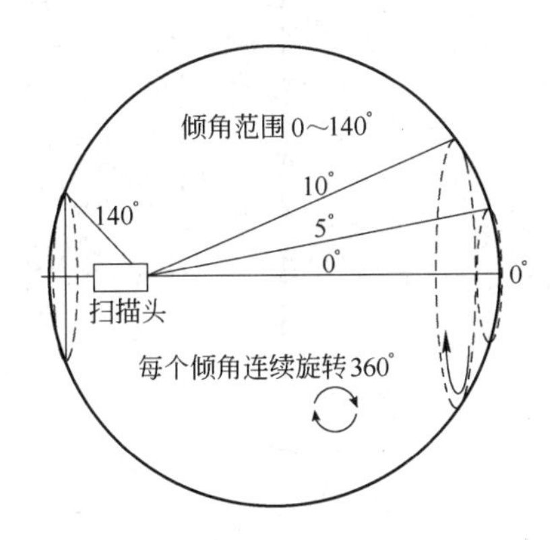

图 8－3　CMS 系统测量原理

8.1.2.3　CMS 使用步骤

为了适应不同工程项目需要，设计时考虑 CMS 架设灵活的需要，洞口只需要 30cm 孔径，即可把 CMS 探入进去，扫测洞内情况。如果通视条件好，人员没有安全隐患，可用三脚架，扫测周边数据。如果要扫测下部的空区，可用垂直插入包的组件，把 CMS 下垂至空区，扫测到空区内部点位数据。如果是要扫测周边空区，可以用竖直支撑杆使人员在安全区域操作，把 CMS 探入空区，即可扫测到空区内部点位数据，如图 8－4 所示。使用步骤如下：

（1）携带 CMS 仪器箱、电源箱及配置清单中第五、第六项支撑杆、横杆等配件到外业场所。

（2）选好支撑杆架设位置，上端顶在硐室顶板，低端顶在硐室底板，压起重器撑实，确保顶紧。

（3）水平杆 A 穿出电源电缆，连上仪器，再视需要接 B、C、D、E 水平杆，放在水平托架上，前托后压。

（4）接通电源，进行初始化。

（5）用全站仪测 CMS 上部中心和水平杆上某点坐标。

（6）用控制手簿设定扫描参数，启动扫描采空区数据。

（7）扫测完毕后，仪器自动复位。如果还要用同样模式扫测近处的采空区，可拆开 B、C、D、E 水平杆，不退出、不断电搬站。

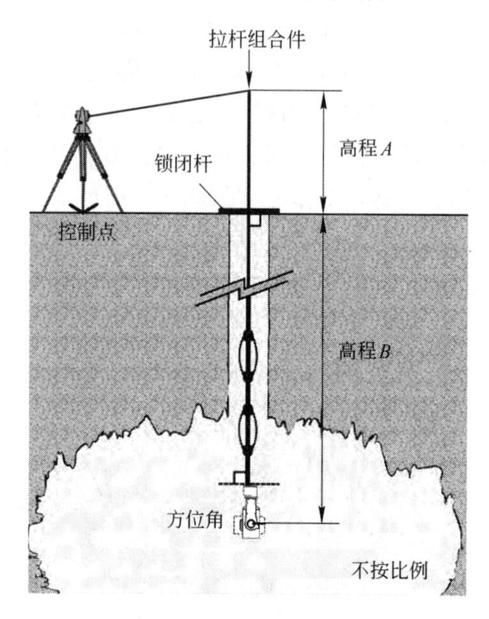

图 8 -4　CMS 测量方法

在扫描过程中，红外遥控用的 PDA 上，会适时显示仪器工作状态、进度、点云图等信息。

8.1.2.4　CMS 数据处理

CMS 测量得到的数据格式为 TXT 格式的，需要经过处理才能进行下一步的工作，下面简单介绍一下数据的后处理。

（1）数据导入到电脑。在扫描完成后，将 PDA 与电脑连接，然后用 Microsoft ActiveSync 将 PDA 中的扫描成果复制后粘贴到电脑中，即可完成数据下载的工作，如图 8 -5 所示。

（2）测量数据后处理。双击桌面 CMSPosProcess，在弹出的主界面中，点击“打开文件”选入需要进行数据转换的文件。可以将数据文件转换为 DXF 和 XYZ，如图 8 -6 所示。

（3）输入测记好的仪器中心点和激光点（或杆上的点位）坐标数据、前视点到激光中心距离等参数，点击“转换为 DXF”和“转换为 XYZ”，则软件会将原始数据转换为用户需要的数据格式。

（4）把点云数据导入 3Dmine，Surpac 等软件中，作进一步处理分析，量算、建模等。

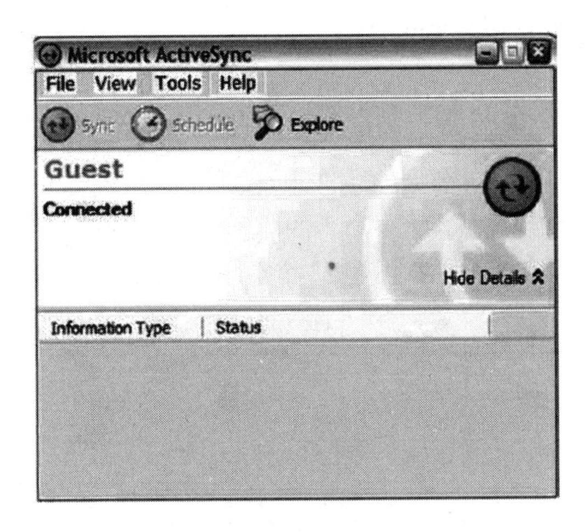

图 8－5 CMS 数据导入电脑

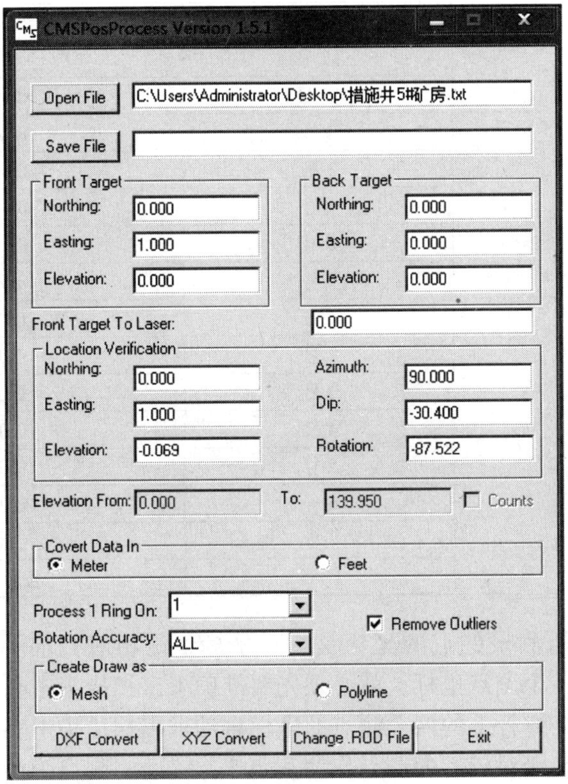

图 8－6 CMS 数据转换程序

8.1.3　已探测采空区三维模型的构建

8.1.3.1　采空区探测数据预处理

目前石人沟铁矿 -60m 水平是主生产水平，采空区也主要分布在这一水平。根据前期的初步调查和咨询现场技术人员所得的信息，确定初次探测区域为措施井、南采区北端、北分支和 F18 断层以南，共探测了 22 个空区，具体探测矿房见表 8 -2。

表 8 -2　已探测采空区列表

矿　段	矿房编号	测量数据编号
F18 以南	10 号	F18N - 10
	12 号	F18N - 12
	13 号	F18N - 13
南采区北端	1 号	NCB - 1
	3 号	NCB - 3
	10 号	NCB - 10
	12 号	NCB - 12
	17 号	NCB - 17
	19 号	NCB - 19
北分支	2 号	BFZ - 2
	3 号	BFZ - 3
	6 号	BFZ - 6
	8 号	BFZ - 8
	9 号	BFZ - 9
措施井	1 号	CSJ - 1
	2 号	CSJ - 2
	3 号	CSJ - 3
	4 号	CSJ - 4
	5 号	CSJ - 5
	6 号	CSJ - 6
	7 号	CSJ - 7
	11 号	CSJ - 11

CMS 探测仪所测量的点的坐标是相对坐标，是相对扫描头中心点的坐标。为精确获得空区各个测点坐标，就必须先要准确求出扫描头中心点的坐标。系统可以通过扫描头支撑杆上的两个测点的坐标自动求出扫描头中心点的坐标值，并且规定距离扫描头相对较近的测点作为测点 1，较远的测点为测点 2。测点 1 和测点 2 的坐标用全站仪测定。表 8 -3 为所探测的石人沟铁矿采空区现场探测时获得的扫描头支撑杆上测点基本数据。

表 8-3　CMS 扫描头支撑杆上测点基本数据

测量文件名称	视点名称	北坐标	东坐标	高程	与激光中心距离
CSJ-4	前视点 1	4457259.567	20573354.382	-56.947	1.00
	后视点 2	4457260.568	20573355.893	-57.785	2.00
CSJ-5	前视点 1	4457213.250	20573374.718	-55.286	4.50
	后视点 2	4457212.529	20573375.194	-55.784	5.50
CSJ-6	前视点 1	4457261.902	20573367.065	-57.196	1.00
	后视点 2	4457260.559	20573365.193	-57.847	2.00
CSJ-7	前视点 1	4457251.004	20573378.339	-57.690	2.75
	后视点 2	4457251.717	20573377.851	-58.180	3.75
NCB-1	前视点 1	4455950.196	20573339.263	-60.459	1.00
	后视点 2	4455948.953	20573337.119	-60.750	3.50
NCB-3	前视点 1	4455968.722	20573337.816	-60.496	1.00
	后视点 2	4455967.678	20573335.566	-60.798	3.50
NCB-12	前视点 1	4455759.565	20573383.711	-56.258	3.00
	后视点 2	4455760.158	20573383.526	-56.756	3.80
BFZ-2	前视点 1	4456168.587	20573531.438	-59.756	2.50
	后视点 2	4456169.910	20573531.483	-60.438	3.50
BFZ-3	前视点 1	4456169.276	20573504.874	-60.020	3.10
	后视点 2	4456170.726	20573504.940	-60.446	4.10
BFZ-6	前视点 1	4456173.449	20573532.025	-60.836	2.50
	后视点 2	4456171.964	20573532.081	-61.012	3.50
BFZ-8	前视点 1	4456283.970	20573547.978	-60.330	3.00
	后视点 2	4456284.154	20573549.959	-60.604	4.00
BFZ-9	前视点 1	4456311.957	20573547.858	-60.401	4.40
	后视点 2	4456311.990	20573549.231	-60.524	5.50

将表 8-3 中的数据填入到图 8-6 所示的 PosProcess 转换窗口中的“前视点”（测点 1）和“后视点”（测点 2）数据输入框，并将前视点与激光中心的距离输入到“前视点与激光中心距离”的输入框中，软件会根据数据自动计算激光中心的坐标和其他参数。设置输出文件格式为“mesh”，选定“DXF Convert”或“XYZ Convert”，将形成能够被 3Dmine 处理的“*.dxf”和“*.xyz”格式的文件。其中“*.dxf”是以线框网格形式记录空区边界，“*.xyz”记录的是空区周围边界点的真实坐标。最终的数据预处理结果见表 8-4。

表 8 - 4 探测采空区数据预处理结果

探测空区编号	原始数据文件	处理后数据文件	
		DXF 格式文件	XYZ 格式文件
CSJ - 4	CSJ - 4. TXT	CSJ - 4 *. dxf	CSJ - 4 *. xyz
CSJ - 5	CSJ - 5. TXT	CSJ - 5 *. dxf	CSJ - 5 *. xyz
CSJ - 6	CSJ - 6. TXT	CSJ - 6 *. dxf	CSJ - 6 *. xyz
CSJ - 7	CSJ - 7. TXT	CSJ - 7 *. dxf	CSJ - 7 *. xyz
NCB - 1	NCB - 1. TXT	NCB - 1 *. dxf	NCB - 1 *. xyz
NCB - 3	NCB - 3. TXT	NCB - 3 *. dxf	NCB - 3 *. xyz
NCB - 12	NCB - 12. TXT	NCB - 12 *. dxf	NCB - 12 *. xyz
BFZ - 2	BFZ - 2. TXT	BFZ - 2 *. dxf	BFZ - 2 *. xyz
BFZ - 3	BFZ - 3. TXT	BFZ - 3 *. dxf	BFZ - 3 *. xyz
BFZ - 6	BFZ - 6. TXT	BFZ - 6 *. dxf	BFZ - 6 *. xyz
BFZ - 8	BFZ - 8. TXT	BFZ - 8 *. dxf	BFZ - 8 *. xyz
BFZ - 9	BFZ - 9. TXT	BFZ - 9 *. dxf	BFZ - 9 *. xyz

8.1.3.2 已探测采空区实体模型的构建

大型矿业三维软件 3Dmine 具有强大的三维建模能力，通过 3Dmine 软件的实体和块体建模功能，对 CMS 数据进行处理，生成采空区的实体和块体模型，为下一阶段进行空区稳定性分析提供基础，同时计算出空区较精确的体积，为采用充填的方式处理空区提供依据。

下面对 3Dmine 矿业建模软件进行简单介绍。

3DMine 矿业工程软件是一套重点服务于矿山地质、测量、采矿与技术管理工作的三维软件系统。这一系统可广泛应用于包括煤炭、金属、建材等固体矿产的地质勘探数据管理，矿床地质模型、构造模型、传统和现代地质储量计算、露天及地下矿山采矿设计、生产进度计划、露天境界优化及生产设施数据的三维可视化管理。可以与国内外流行的辅助设计软件 GIS 软件和矿业软件实现无缝兼容。3Dmine 具有如下 10 个基本特点：

（1）二维和三维界面技术的完美整合。

（2）结合 AutoCAD 通用技术，方便实用的右键功能。

（3）支持选择集的概念，快速编辑和提取相关信息。

（4）集成国外同类软件的功能特点，步骤更为简单。

（5）剪切板技术应用，使 Excel、Word 以及 TEXT 数据与图形可以直接转换。

（6）交互直观的斜坡道设计。

（7）快速采掘带实体生成算法以及采掘量动态调整。

（8）爆破结存量的计算和实方虚方的精确计算。

(9) 多种全站仪的数据导入。

(10) 兼容通用的矿业软件文件格式。

3Dmine 的主要功能模块如下:

(1) 三维可视化核心。

(2) 勘探和炮孔数据库。

(3) 地球物理、化学数据处理与异常图。

(4) 矿山地质建模。

(5) 地质储量估算(传统方法+地质统计法)。

(6) 剖面切制与数据提取。

(7) 三维采矿设计(露天+地下)。

(8) 短期采掘计划编制。

(9) 采空区实体模型的构建。

将表 8-4 的数据预处理结果直接导入到 3Dmine 软件中,经过实体编辑和验证就可以生成最终的实体模型,处理流程如图 8-7 所示。

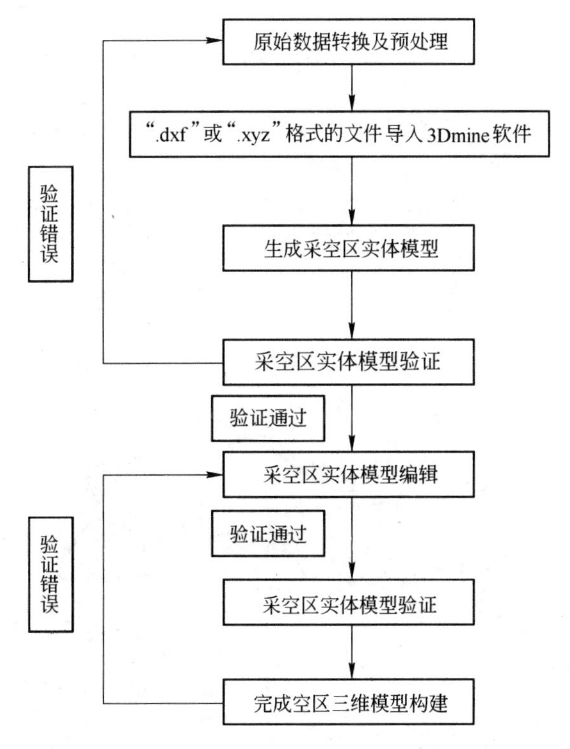

图 8-7 3Dmine 空区实体模型构建流程

经过处理后的各个空区的实体模型如图 8-8 ~ 图 8-13 所示。

图 8 – 8　CSJ – 5 空区模型

图 8 – 9　CSJ – 5 和 CSJ – 7 实际坐标空间模型

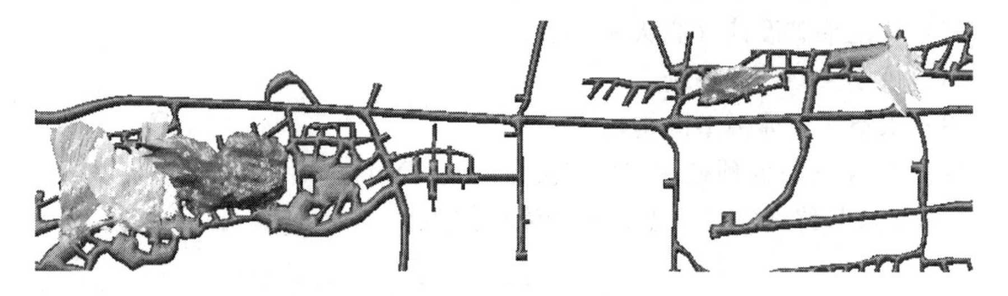

图 8 – 10　南采区北端区域空区三维立体模型图

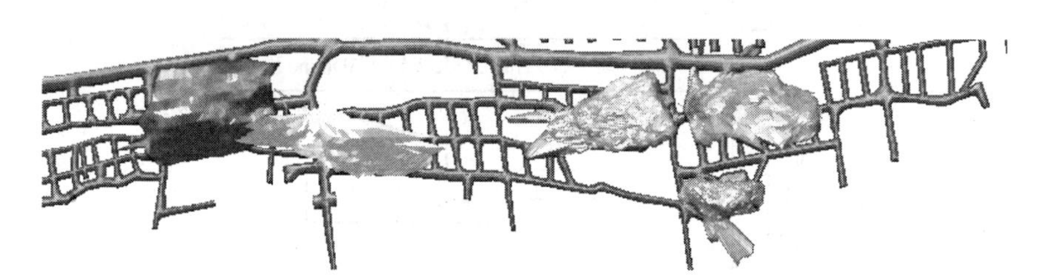

图 8 – 11　北分支区域空区三维立体模型图

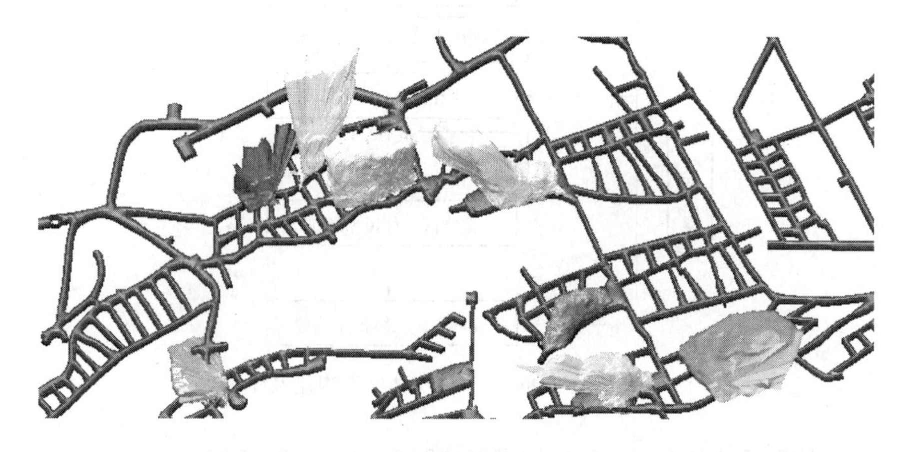

图 8 – 12　措施井区域空区三维立体模型图

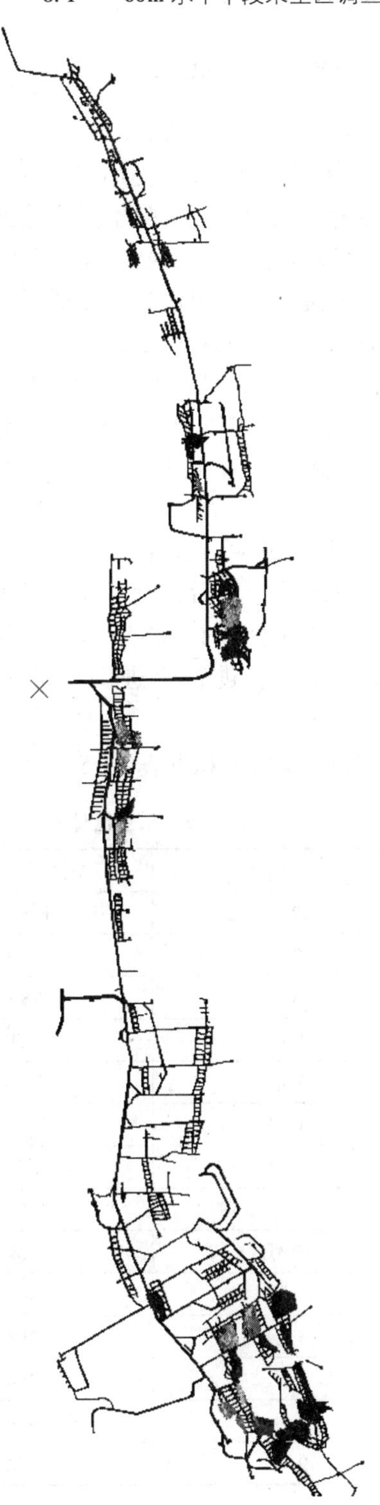

图 8－13 矿山－60m 水平探测空区赋存图

8.1.3.3 已探测采空区的体积计算

采空区块体模型的建立方法介绍如下。

3Dmine 软件中的块体模型功能主要是用来计算矿体的品位分布，估算矿体的体积和储量，除了能在三维模型中直观显示之外，也可以形成报告文档。建立采空区块体模型，可以利用块体模型的体积估算功能估算较为准确的空区体积，为后期空区的充填做准备。

在 3Dmine 软件中建立空区的块体模型，需要先建立空区的实体模型，所建立的实体模型需要通过实体验证，作为块体的约束条件，在此基础上建立块体模型。

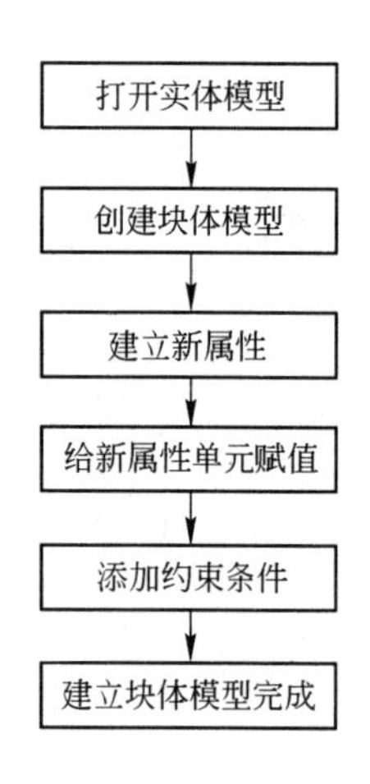

图 8－14 块体模型的建立流程

块体模型的建立过程如图 8－14 所示。

经过上述步骤建立起块体模型后，就可以进行体积计算，另外，通过导出块体模型的质心坐标，可以与 Flac 数值模拟计算软件结合，进行更进一步的力学分析。

采用块体模型计算的采空区体积见表 8－5。

表 8－5 采空区体积

矿 段	矿房编号	空区测量数据编号	采空区体积/m^3
F18 以南	10 号	F18N－10	2412
	12 号	F18N－12	998
	13 号	F18N－13	1253
南采区北端	1 号	NCB－1	21558
	3 号	NCB－3	23444
	10 号	NCB－10	2745
	12 号	NCB－12	1540
	17 号	NCB－17	10232
	19 号	NCB－19	6049
北分支	2 号	BFZ－2	11594
	3 号	BFZ－3	2298
	6 号	BFZ－6	6831
	8 号	BFZ－8	12576
	9 号	BFZ－9	21304

续表 8－5

矿 段	矿房编号	空区测量数据编号	采空区体积/m^3
措施井	1 号	CSJ－1	11269
	2 号	CSJ－2	2593
	3 号	CSJ－3	3550
	4 号	CSJ－4	11429
	5 号	CSJ－5	7050
	6 号	CSJ－6	1269
	7 号	CSJ－7	5327
	11 号	CSJ－11	3376

在本章中通过对石人沟铁矿的全面调查掌握了石人沟铁矿－60m 水平的采空区的翔实的信息，并利用 CMS 对部分采空区进行了探测，得到了较准确的数据，通过对数据的后处理，与国内常用的三维建模软件 3Dmine 进行结合，得到了采空区的三维实体模型。经过进一步的处理，计算出了采空区的体积，为后面的采空区充填提供了基础数据。

8.1.4 石人沟铁矿外围非法采空区的勘探

石人沟铁矿在 2001 年后转入地下坑道开采，矿山在地下坑道开采过程中，发现多处盗采巷道（采空区）。有一定数量未知采空区，造成大量涌水。严重危害矿山安全生产，为了消除矿山安全隐患，河北钢铁集团矿业有限公司委托辽宁省冶金地质勘查局四〇一队在石人沟铁矿利用地质调查、地球物理勘查和钻探工程三种手段进行非法采空区勘查，基本查明矿区范围内地下采空区的分布情况、具体位置、埋深、空间分布形态及规模，为矿山地下开采生产安全、灾害防治和综合治理提供可靠的地质资料。

8.1.4.1 非法采空区范围界定

实测采空区范围界定方法：南北长度、东西宽度及高度数据使用索佳红外线测距仪和皮尺丈量方法测量；采空区拐点坐标采用索佳 230R 全站仪测量。

推断采空区范围界定依据：根据收集的地质资料，进行井下调查，发现透点，推断存在采空区；在收集的地质调查资料和已获得实测采空区数据综合分析基础上，推断采空区南北长度和高度；东西宽度按矿体宽度为基准；采空区拐点坐标位置利用剖面图中采空区位置垂直投影到平面图。

8.1.4.2 外围非法采空区勘查方法

A 地质调查

首先对矿区进行踏勘，结合地形地质图对整个矿区进行初步认识，确认部分勘探线的具体位置，同时结合矿区水文地质、工程地质、环境地质资料了解矿区的基本状况。用手持 GPS 确定非法矿井实际位置，确定重点勘查地点。

进行地下地质调查时，将井下透点的调查作为重点，通过撬开透点封堵盖板、搭建梯子等方式，进入采空区实际测量，对于不具备进入实际测量条件的采空区通过对井下透点的调查和获取地质资料的综合研究推断采空区的规模和形态。

B 地球物理勘查

a 地球物理特征

通过地质调查及试验了解该区地球物理特征。电性特征：矿体是低阻体，采空区是高阻体，充水的采空区是低阻体；弹性波特征：弹性波在同一种介质中的传播速度和频率是相同的，当遇到不同介质时波的传播会发生变化，采空区的存在会使弹性波的能量及传播速度发生变化；电磁特征：电磁波在传播过程中遇到不同介质所激发的电磁场是不同的，采空区会形成一个相对高阻体，充水的采空区会形成一个相对低阻体。

b 工作方法

本次地球物理勘查采用浅震反射波法、瞬变电磁法和高密度电阻率法。

浅震反射波法 浅震反射波法利用了地震波的动力学和运动学特征。动力学特征主要指波的强度、频谱、相位、波长等参数，而运动学特征则指波的传播时间和空间的关系。工作原理是：采用人工激发震源，使震源附近质点产生震动，形成的地震波在地下介质中传播，当遇到两种不同弹性介质界面时，便产生反射，利用反射波的强度、频谱、相位、波长和反射波的传播时间和空间的关系（反射波的走时规律）来解决相关地质问题。

瞬变电磁法 瞬变电磁测深法（TEM）是利用不接地回线向地下发送一次脉冲磁场，在一次脉冲磁场的间歇期间，利用线圈观测二次涡流场的方法。该方法具有施工便捷，供电电流大，观测精度高，不受高阻屏蔽的限制，解决地质问题能力强等特点。

高密度电阻率法 高密度电阻率法是把很多电极同时排列在测线上，通过对电极自动转换器的控制，实现电阻率法中各种不同装置、不同极距的自动组合，从而一次布极可测得多种装置、多种极距情况下多种视电阻率参数的方法。对取得的多种参数经过相应的程序的处理和自动反演成像，可快速、准确地给出所测地电剖面的地质解释图件，从而提高了电阻率方法的效果和工作效率。

C 钻探施工

采用 KY－150 全液压坑道钻机进行钻探施工。在施工中，钻孔直径为 38mm，岩心直径为 18mm。根据地质调查及地球物理勘查成果，布设孔位。利用液压装置在坑道内固定钻机，采用回旋清水钻进，提取岩心。根据地质调查及地球物理勘查成果，将非法矿井附近的北区 M1、M4 矿体和南区 M1、M2 矿体－60～120m 区域作为重点地段，在－60m 巷道布设孔位。钻孔探到采空区时，下一孔位则布置在其相邻穿脉巷道，用来控制采空区长度，按不同倾角进行施工，控制采空区高度。钻孔未见采空区的，判断该地段存在采空区的可能性很小。

8.1.4.3 外围非法采空区调查结果

利用地质调查、地球物理勘查以及钻探揭露三种手段对石人沟铁矿非法采空区进行调查，对取得的资料及成果进行了综合系统分析，共查明非法采空区 35 个、物探勘查推断采空区范围 14 处。非法采空区钻探勘探线端点坐标见表 8－6。

表 8－6 已查明非法采空区一览表

采空区编号	剖面号	纵投影编号	采空区坐标			底板高度/m	高度/m	宽度/m	长度/m	备注
			拐点	X	Y					
FCK1	I1	Z1	1	4457460	573248	约－10.4	约 10	约 15	约 140	推断
			2	4457450	573234					
			3	4457343	573325					
			4	4457334	573313					
FCK2	I2	Z2	1	4457338	573214	约－10.4	约 9	约 43	约 140	推断
			2	4457331	573203					
			3	4457218	573286					
			4	4457216	573283					
FCK3	I2	Z3	1	4457316	573237	约－30.7	约 10	约 9	约 139	推断
			2	4457244	573245					
			3	4457186	573277					
			4	4457184	573257					
			5	4457263	573226					
			6	4457310	573218					
FCK4	I2	Z4	1	4457339	573331	约－30.7	约 10	约 47	约 143	推断
			2	4457228	573398					
			3	4457217	573397					
			4	4457207	573369					
			5	4457318	573283					

续表 8－6

采空区编号	剖面号	纵投影编号	采空区坐标			底板高度/m	高度/m	宽度/m	长度/m	备注
			拐点	*X*	*Y*					
FCK5	I3	Z5	1	4457049	573404	约－17.8	约 10	约 28	约 104	实测
			2	4457039	573408					
			3	4457023	573402					
			4	4457005	573410					
			5	4456995	573408					
			6	4456973	573449					
			7	4456953	573461					
			8	4456949	573415					
			9	4456997	573372					
			10	4457015	573364					
			11	4457017	573372					
			12	4457030	573382					
			13	4457044	573377					
FCK6	I4	Z6	1	4456989	573487	约－43.5	约 4.8	约 22	约 16	实测
			2	4456946	573504					
			3	4456939	573502					
			4	4456937	573499					
			5	4456933	573498					
			6	4456933	573497					
			7	4456937	573497					
			8	4456942	573495					
			9	4456940	573481					
			10	4456951	573478					
			11	4456955	573491					
			12	4456963	573488					
			13	4456962	573481					
			14	4456972	573478					
			15	4456974	573484					
			16	4456980	573482					
			17	4456979	573474					
			18	4456986	573472					

续表 8-6

采空区编号	剖面号	纵投影编号	采空区坐标			底板高度/m	高度/m	宽度/m	长度/m	备注
			拐点	X	Y					
FCK7	I5	Z7	1	4457047	573559	约 -9	约 9	约 6	约 195	实测
			2	4457020	573574					
			3	4457011	573573					
			4	4456979	573588					
			5	4456943	573594					
			6	4456854	573590					
			7	4456854	573582					
			8	4456895	573585					
			9	4456927	573582					
			10	4456938	573586					
			11	4456951	573586					
			12	4457017	573560					
			13	4457020	573561					
			14	4457042	573551					
FCK8	I5	Z7	1	4456928	573589	约 -28.4	约 15.4	约 16	约 170	实测
			2	4456828	573592					
			3	4456806	573606					
			4	4456756	573605					
			5	4456757	573595					
			6	4456787	573597					
			7	4456787	573590					
			8	4456779	573590					
			9	4456768	573582					
			10	4456758	573580					
			11	4456758	573577					
			12	4456821	573580					
			13	4456833	573570					
			14	4456843	573570					
			15	4456849	573579					
			16	4456928	573578					

续表 8－6

采空区编号	剖面号	纵投影编号	采空区坐标			底板高度/m	高度/m	宽度/m	长度/m	备注
			拐点	*X*	*Y*					
FCK9	I5	Z7	1	4456939	573593	约－33.6	约3	约25	约96	实测
			2	4456844	573585					
			3	4456844	573566					
			4	4456939	573578					
FCK10	I5	Z8	1	4456947	573453	约－13	约12	约20	约96	实测
			2	4456882	573474					
			3	4456852	573474					
			4	4456854	573464					
			5	4456945	573438					
FCK11	I6		1	4456814	573538	约－30.2	约8	约36	约35	实测
			2	4456812	573542					
			3	4456781	573540					
			4	4456784	573516					
			5	4456780	573507					
			6	4456783	573505					
			7	4456792	573505					
			8	4456793	573515					
			9	4456800	573528					
			10	4456812	573530					
FCK12	I7	Z9	1	4456651	573559	约－33.6	约10	约17.5	约91	实测
			2	4456619	573560					
			3	4456620	573555					
			4	4456599	573554					
			5	4456554	573559					
			6	4456554	573546					
			7	4456601	573540					
			8	4456601	573544					
			9	4456628	573544					
			10	4456638	573542					
			11	4456652	573545					
			12	4456651	573551					
			13	4456647	573551					
			14	4456647	573554					
			15	4456651	5735545					

续表 8-6

采空区编号	剖面号	纵投影编号	采空区坐标			底板高度/m	高度/m	宽度/m	长度/m	备注
			拐点	X	Y					
FCK13	I8	Z10	1	4456551	573564	约-20.5	约11	约38	约90	实测
			2	4456461	573571					
			3	4456461	573532					
			4	4456549	573526					
FCK14	I9	Z11	1	4456459	573551	约-14.81	约11	约20	约68	实测
			2	4456403	573561					
			3	4456392	573562					
			4	4456393	573549					
			5	4456404	573542					
			6	4456444	573534					
			7	4456457	573536					
FCK15	I10	Z12	1	4456383	573590	约-30	约12	约9	约47	推断
			2	4456383	573583					
			3	4456339	573590					
			4	4456338	573583					
FCK16	I10	Z14	1	4456207	573541	约0.8	约20	约17	约93	实测
			2	4456181	573539					
			3	4456151	573532					
			4	4456114	573528					
			5	4456114	573523					
			6	4456122	573521					
			7	4456124	573518					
			8	4456145	573519					
			9	4456174	573525					
			10	4456206	573527					
FCK17	I10	Z13	1	4456334	573597	约0.8	约14	约17	约170	实测
			2	4456286	573600					
			3	4456235	573586					
			4	4456207	573581					
			5	4456154	573579					
			6	4456154	573571					
			7	4456234	573576					
			8	4456287	573588					
			9	4456296	573589					
			10	4456334	573586					

续表 8－6

采空区编号	剖面号	纵投影编号	采空区坐标			底板高度/m	高度/m	宽度/m	长度/m	备注
			拐点	*X*	*Y*					
FCK18	I12	Z16	1	4455965	573414	约－12	约10	约36	约72	实测
			2	4455965	573379					
			3	4455893	573425					
			4	4455895	573380					
FCK19	I12	Z15	1	4456004	573566	约2.1	约8	约17	约178	实测
			2	4455839	573571					
			3	4455822	573569					
			4	4455833	573551					
			5	4455995	573548					
			6	4456004	573551					
FCK20	I13	Z17	1	4455716	573455	约2.4	约10	约53	约82	实测
			2	4455631	573458					
			3	4455634	573402					
			4	4455687	573404					
FCK21	I14	Z18	1	4455609	573462	约－10	约9	约57	约63	推断
			2	4455553	573460					
			3	4455545	573405					
			4	4455611	573402					
FCK22	I15	Z19	1	4455504	573466	约0	约9	约42	约93	推断
			2	4455441	573485					
			3	4455411	573485					
			4	4455411	573445					
			5	4455446	573443					
			6	4455486	573433					
FCK23	I16	Z20	1	4455373	573491	约3	约8	约14	约132	实测
			2	4455253	573543					
			3	4455247	573528					
			4	4455314	573504					
			5	4455367	573473					
FCK24	I17	Z21	1	4455133	573504	约6	约10	约18	约190	实测
			2	4454986	573623					
			3	4454973	573605					
			4	4455127	573490					

续表 8－6

采空区编号	剖面号	纵投影编号	采空区坐标			底板高度/m	高度/m	宽度/m	长度/m	备注
			拐点	X	Y					
FCK25	I17	Z21	1	4455133	573501	约－30	约10	约21	约200	实测
			2	4454981	573625					
			3	4454965	573604					
			4	4455126	573484					
FCK26	I2	Z26	1	4457343	573281	约－93	约18	约13	约150	实测
			2	4457274	573336					
			3	4457265	573332					
			4	4457266	573340					
			5	4457229	573361					
			6	4457215	573362					
			7	4457214	573358					
			8	4457258	573326					
			9	4457265	573328					
			10	4457333	573270					
FCK27	I2	Z27	1	4457272	573254	约－96	约18	约11	约117	实测
			2	4457245	573247					
			3	4457165	573269					
			4	4457162	573262					
			5	4457255	573232					
			6	4457276	573240					
FCK28	I4	Z22	1	4457043	573558	约－93	约10	约24	约135	实测
			2	4457019	573568					
			3	4456907	573579					
			4	4456907	573562					
			5	4456987	573548					
			6	4457034	573531					
FCK29	I4	Z22	1	4457029	573565	约－73.6	约10	约33	约116	推断
			2	4457020	573568					
			3	4456954	573580					
			4	4456915	573578					
			5	4456914	573566					
			6	4456948	573562					
			7	4457017	573532					

续表 8 - 6

采空区编号	剖面号	纵投影编号	采空区坐标			底板高度/m	高度/m	宽度/m	长度/m	备注
			拐点	X	Y					
FCK30	I18	Z23	1	4456848	573422	约 -104	约 11	约 16	约 119	实测
			2	4456727	573422					
			3	4456727	573401					
			4	4456780	573405					
			5	4456846	573403					
FCK31	I19	Z23	1	4456722	573421	约 -94	约 10	约 16.5	约 173	实测
			2	4456549	573414					
			3	4456552	573383					
			4	4456722	573406					
FCK32	I20	Z24	1	4456256	573567	约 -90	约 18	约 58	约 75	实测
			2	4456184	573554					
			3	4456189	573495					
			4	4456207	573495					
			5	4456225	573495					
			6	4456260	573504					
FCK33	I21	Z25	1	4455218	573514	约 -79	约 7.7	约 25	约 69	实测
			2	4455188	573522					
			3	4455154	573538					
			4	4455150	573523					
			5	4455186	573499					
			6	4455213	573493					
FCK34	I17	Z21	1	4455151	573541	约 -79	约 10	约 18	约 60	实测
			2	4455122	573555					
			3	4455084	573563					
			4	4455057	573577					
			5	4455055	573573					
			6	4455120	573540					
			7	4455150	573527					
FCK35	I22	Z30	1	4457111	573299	约 -80	约 8	约 15	约 102	实测
			2	4457016	573337					
			3	4457008	573323					
			4	4457106	573286					

8.1.4.4 已查明非法采空区体积计算

根据地球物理勘探探测到的外围非法采空区的大致大小，计算采空区的体积，结果见表8-7。

表8-7 非法采空区体积计算表

采空区编号	高度/m	宽度/m	长度/m	体积/m^3
FCK1	10	15	140	21000
FCK2	9	43	140	54180
FCK3	10	9	139	12510
FCK4	10	47	143	67210
FCK5	10	28	104	29120
FCK6	4.8	22	16	1689.6
FCK7	9	6	195	10530
FCK8	15.4	16	170	41888
FCK9	3	25	96	7200
FCK10	10	20	96	19200
FCK11	8	36	35	10080
FCK12	10	17.5	91	15925
FCK13	11	38	90	37620
FCK14	11	20	68	14960
FCK15	12	9	47	5076
FCK16	20	17	93	31620
FCK17	14	17	170	40460
FCK18	10	36	72	25920
FCK19	8	17	178	24208
FCK20	10	53	82	43460
FCK21	9	57	63	32319
FCK22	9	42	93	35154
FCK23	8	14	132	14784
FCK24	10	18	190	34200
FCK25	10	21	200	42000
FCK26	18	13	150	35100
FCK27	18	11	117	23166
FCK28	10	24	135	32400

续表 8－7

采空区编号	高度/m	宽度/m	长度/m	体积/m^3
FCK29	10	33	116	38280
FCK30	11	16	119	20944
FCK31	10	16.5	173	28545
FCK32	18	58	75	78300
FCK33	7.7	25	69	13282.5
FCK34	10	18	60	10800
FCK35	8	15	102	12240

在调查区域内基本查明采空区的位置及规模，但限于物探法本身存在的问题，所得数据精度欠佳，要获得采空区的详细信息，如形状、体积、破坏情况等，还需要结合 CMS 法测试和现场勘查。

8.1.5 CMS 探测技术与地球物理探测的比较

与传统的地球物理勘探方法相比，CMS 设备在空区探测方面有着不可比拟的优势。传统的地球物理勘探方法操作复杂、困难，往往需要很多设备才能完成，探测费用高。在空区探测时，所用设备往往受到周围环境的干扰，精确度受到了影响。地球物理勘探手段往往只能确定采空区大概的位置和形状，采空区的体积、内部的具体形态却不能得到，而在对采空区进行充填处理时，必须装载采空区的体积和精确位置，所以，地球物理勘探手段得到的结果不能对采空区的处理产生实质性的作用。

CMS 空区探测设备克服了地球物理探测的主要缺点，操作方法简单易懂，进行探测时，所需设备非常简便，易于携带。CMS 设备配有手持式控制器，与设备之间通过无线传播，无需布线，抗干扰能力强。CMS 空区探测技术的最大优点就是能够精确地探测出空区的具体形态和体积，通过进一步的后处理，数据文件可以在 3Dmine 等三维建模软件中生成三维实体模型，增加了可视化。再进一步处理后还可以生成 Flac 等数值计算软件所用的模型，进行更进一步的力学计算，对后续的采空区处理有着重要的参考价值。

但是 CMS 只能对已知位置的采空区进行探测，对于不明位置的采空区，CMS 是无法进行测量的。将地球物理探测和 CMS 有效地结合起来，可以克服两者各自的缺点，起到比较好的效果。

8.2 采空区稳定性分析

目前在工程中应用的研究手段和方法主要有现场稳定性监测分析、物理与数值模拟分析、空区失稳的理论分析等。针对石人沟铁矿的具体情况，本书对空区的稳定性分析采用理论计算分析和物理与数值模拟分析两种方法，并针对具体矿块进行举例分析。

8.2.1 岩体物理力学强度取值

石人沟铁矿矿体与围岩较为单一，围岩均为黑云母角闪斜长片麻岩、角闪斜长片麻岩，主要的矿体为 M1 和 M2 矿体，参考马鞍山矿山研究院相关项目的力学试验数据，最终的矿岩物理力学指标参数见表 8-8。

表 8-8 岩体强度取值一览表

参数 项目 \ 岩性	M1 矿体	M2 矿体	黑云母角闪斜长片麻岩
矿块密度/g·cm^{-3}	3.58	3.46	2.74
抗压强度/MPa	123.23	149.70	164.08
抗拉强度/MPa	4.64	5.64	6.18
内摩擦角/(°)	41.11	45.36	46.82
凝聚力/MPa	1.72	1.59	2.38
弹性模量/MPa	8.03×10^4	7.59×10^4	6.98×10^4
泊松比	0.21	0.20	0.26

8.2.2 石人沟铁矿矿块构成要素

石人沟铁矿 -60m 水平采用浅孔留矿法，矿块布置方式为：厚矿体采用垂直矿体走向布置矿块，矿块宽 28m，矿块长为矿体厚度，中段高度为 44m，顶柱高度为 6m，底柱高度为 8m，间柱宽度为 8m。沿矿体走向布置的矿块长 50m，矿块宽为矿体厚度，中段高度为 44m，顶柱高度为 6m，底柱高度为 8m，间柱宽度为 8m。薄矿脉浅孔留矿采矿法矿块长 50m，沿矿体走向布置，矿块宽度同矿体厚度，中段高度为 44m，顶柱高度为 6m，底柱高度为 6m，间柱宽度为 8m。采矿方法的矿块构成要素见表 8-9。

表 8-9 矿块构成要素 (m)

序号	构成要素	垂直走向布置浅孔留矿采矿法	沿走向布置浅孔留矿采矿法	薄矿脉浅孔留矿采矿法
1	矿块长度	矿体厚	50	50
2	矿块宽度	28	矿体厚	矿体厚
3	中段高度	44	44	44

续表 8 – 9

序号	构成要素	垂直走向布置浅孔留矿采矿法	沿走向布置浅孔留矿采矿法	薄矿脉浅孔留矿采矿法
4	顶柱高度	6	6	6
5	底柱高度	8	8	6
6	间柱宽度	8	8	8

8.2.3　采场结构参数理论计算

如图 8 – 15 所示，由摩尔 – 库仑准则得，在 $a-b$ 平面内，剪切强度公式为：

$$\tau = c + \sigma_n \tan\phi \tag{8-3}$$

式中，c 为黏聚力；σ_n 为垂直于 $a-b$ 平面的法向应力；ϕ 为内摩擦角。由应力转换方程可得：

$$\sigma_n = \frac{1}{2}(\sigma_1 - \sigma_3) + \frac{1}{2}(\sigma_1 - \sigma_3)\cos 2\beta \tag{8-4}$$

$$\tau = \frac{1}{2}(\sigma_1 - \sigma_3)\sin 2\beta \tag{8-5}$$

综合式 8 – 3 ~ 式 8 – 5 可得出任意 β 角的平面上极限应力为：

$$\sigma_1 = \frac{2c + \sigma_3 \sin 2\beta + \tan\phi(1 - \cos 2\beta)}{\sin 2\beta - \tan\phi(1 + \cos 2\beta)} \tag{8-6}$$

由图 8 – 15b 中的莫尔圆，极限破坏平面的方向可由下式得出：

$$\beta = \delta/4 + \phi/2 \tag{8-7}$$

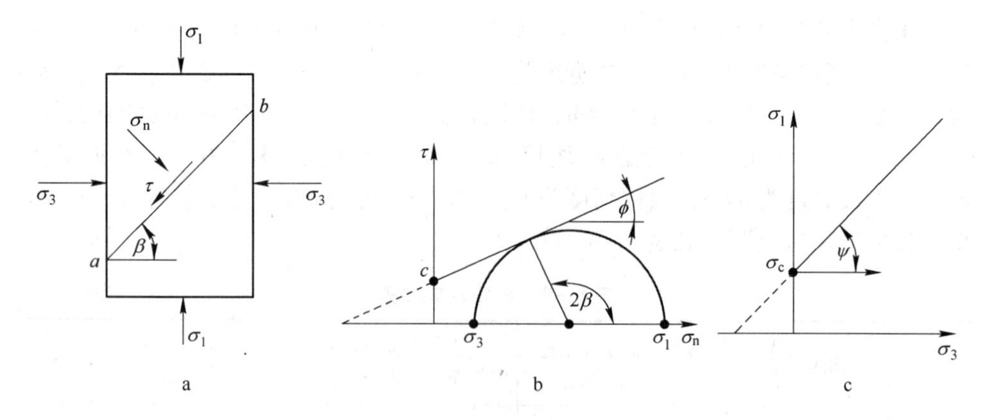

图 8 – 15　摩尔 – 库仑强度准则

a—平面 $a-b$ 上的剪切破坏；b—剪切和法向应力的强度包络线；

c—主应力的强度包络线

由于 $\sin 2\beta = \cos\phi$，$\cos 2\beta = \sin\phi$，式 8－6 可简化为：

$$\sigma_1 = [2c\cos\phi - \sigma_3(1+\sin\phi)]/(1-\sin\phi) \tag{8-8}$$

主应力 σ_1 和 σ_3 的线性关系表示在图 8－15 中。其强度包络线与 ϕ 相关，如下式：

$$\tan\psi = (1+\sin\phi)/(1-\sin\phi) \tag{8-9}$$

单轴抗压强度 σ_c 和单轴抗拉强度 σ_t 与 c 和 ϕ 的关系为：

$$\sigma_c = \frac{2c\cos\phi}{1-\sin\phi} \tag{8-10}$$

$$\sigma_t = \frac{2c\cos\phi}{1+\sin\phi} \tag{8-11}$$

$c = 2.38\text{MPa}$，$\phi = 46°$，计算得 $\sigma_c = 11.77\text{MPa}$，$\sigma_t = 0.942\text{MPa}$。

8.2.4 采空区顶板稳定性计算分析

采空区顶板即为设计的矿房顶柱，可假设为两端简支梁，其受力分析如图 8－16 所示。根据材料力学，岩梁中性轴上、下表面上任意一点的应力为：

$$\sigma(x) = 10^4\gamma\sin\alpha(2x-l)/2 \pm 3\times10^4\gamma x(x-l)\cos\alpha/h \tag{8-12}$$

式中 α——矿体倾角，(°)；

l——岩梁跨度，m；

h——岩梁高度，m；

γ——岩体容重，N/m^3。

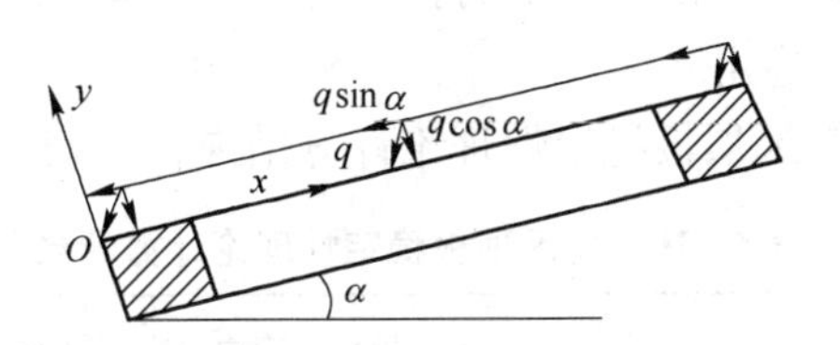

图 8－16 岩梁受力分析简图

通常矿柱间距等于顶板最大允许跨度。充分开采时，采场顶板可假设成一组简支梁，其受力分析见图 8－17。根据材料力学，可分别求出一次到多次静不定问题的顶板最大允许跨度值。

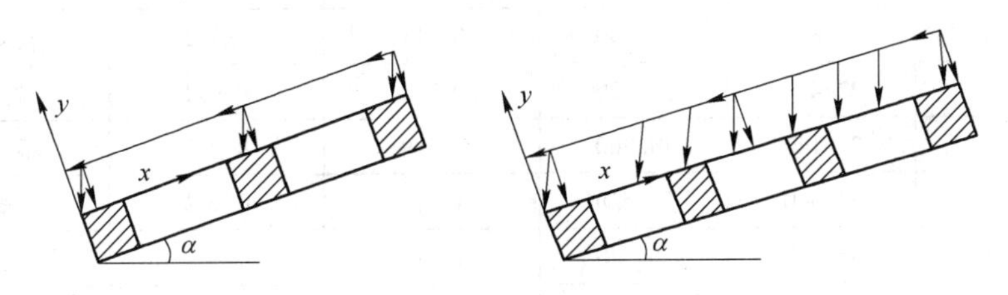

图 8－17 简支梁受力分析简图

最大拉应力发生在 $x=\dfrac{L}{2}+h\tan\alpha/6$ 处岩梁中性轴的下表面，最大拉应力为：

$$\sigma_{\max}=3\gamma L^2\cos\alpha/(4h)-h\gamma\tan^2\alpha\cos\alpha/12 \tag{8-13}$$

因此，顶板倾向的最大允许跨度为：

$$L_{qy}=[4h\sigma_t/(3\gamma\cos\alpha)-h^2\tan^2\alpha/9]^{1/2} \tag{8-14}$$

考虑到石人沟铁矿矿块布置方式多数为沿走向布置两个矿块，顶板沿走向的最大允许跨度为：

$$L_{sp}=L_{qy}|(\alpha=0°)=(4h\sigma_t/3\gamma)^{1/2} \tag{8-15}$$

式中，σ_t 为岩体抗拉强度。则由式 8－15 得空区顶板围岩承受的拉应力为：

$$\sigma=\frac{3L^2r}{4h} \tag{8-16}$$

式中，σ 为空区顶板围岩承受的拉应力；L 为空区跨度；h 为空区的高度。

取体积最大的 NCB－3 空区计算其顶板稳定性，结果如下。

首先在 3Dmine 软件中打开 NCB－3 空区的实体模型，通过将实体模型投影在平面的方法，结合空区的形状，确定空区的跨度 $L=51.9$m 和高度 $h=37.5$m，然后将数据代入式 8－16 得：

$$\sigma=\frac{3L^2r}{4h}=\frac{3\times51.9^2\times2.74}{4\times37.5}=1.48\text{MPa}$$

计算得出 NCB－3 空区顶板所受的拉应力 $\sigma=1.48\text{MPa}>\sigma_t=0.942\text{MPa}$，所以 NCB－3 空区顶板不稳定。

同理可得，所有空区顶板稳定性理论计算结果，见表 8－10。

表 8－10 空区顶板稳定性理论计算结果

空区编号	空区跨度/m	空区高度/m	顶板拉应力/MPa	顶板抗拉强度/MPa	顶板稳定性情况
BFZ－2	38.670	31.520	0.975	0.942	不稳定
BFZ－3	26.640	13.250	1.101	0.942	不稳定
BFZ－6	47.100	18.400	2.478	0.942	不稳定
BFZ－8	50.210	39.920	1.298	0.942	不稳定
BFZ－9	44.800	45.290	0.911	0.942	较稳定
CSJ－1	22.420	36.820	0.281	0.942	稳定
CSJ－2	33.140	14.200	1.589	0.942	不稳定
CSJ－3	43.040	23.620	1.612	0.942	不稳定
CSJ－4	38.910	30.570	1.018	0.942	不稳定
CSJ－5	34.830	36.880	0.676	0.942	稳定

续表 8 - 10

空区编号	空区跨度/m	空区高度/m	顶板拉应力/MPa	顶板抗拉强度/MPa	顶板稳定性情况
CSJ - 6	19.210	17.320	0.438	0.942	稳定
CSJ - 7	27.280	39.030	0.392	0.942	稳定
CSJ - 11	27.860	14.920	1.069	0.942	不稳定
F18N - 10	30.440	17.660	1.078	0.942	不稳定
F18N - 12	16.720	12.450	0.461	0.942	稳定
F18N - 13	19.560	13.220	0.595	0.942	稳定
NCB - 1	39.230	37.700	0.839	0.942	稳定
NCB - 3	51.900	37.500	1.476	0.942	不稳定
NCB - 10	23.880	30.250	0.387	0.942	稳定
NCB - 12	27.260	21.780	0.701	0.942	稳定
NCB - 17	45.170	39.410	1.064	0.942	不稳定
NCB - 19	26.480	32.870	0.438	0.942	稳定

注：拉应力小于 0.895MPa 的规定为稳定，拉应力在 0.895 ~ 0.942MPa 之间为较稳定，拉应力大于 0.942MPa 为不稳定。

8.2.5 矿柱的稳定性理论计算分析

过去，人们进行了大量的矿柱强度研究工作，研究重点是煤矿，在采煤期间留有大量规则排列的矿柱。相对而言，硬岩矿山在这方面的研究却是非常有限的。

迄今，得出的经验公式一般都采取了下列两种方式中的一种：形状效应公式或尺寸效应公式。式 8 - 17 是强度公式的一般表达式：

$$P_s = K\left(A + B\frac{W^a}{h^b}\right) \tag{8-17}$$

式中 P_s——矿柱强度，MPa；

K——与矿柱材料相关的强度常数；

W——矿柱宽度，m；

h——矿柱高度，m；

A，B——经验常数，A、B 之和为 1，在尺寸效应公式中，$A=0$，$B=1$；

a，b——经验幂指数，在形状效应公式中，$a=b$。

对一定岩石类型和一定形状（宽高比）的矿柱而言，按“形状效应公式”就会有一个恒定的强度，与矿柱尺寸的改变无关。形状效应公式有两种不同的关系式：第一种是矿柱应力与矿柱宽/高比值呈线性关系；第二种是矿柱应力与宽/高比值呈幂函数关系。对一定岩石类型和一定形状的矿柱而言，尺寸效应公式意味着矿柱强度随矿柱尺寸的增加而降低。该公式是一个变幂公式，公式中矿柱宽和高项上的幂是不同的。由于认为随着矿柱尺寸增加，其内部的结构数量增加，矿柱强度随其尺寸的增加而降低，采用了尺寸效应公式。然而，试验表明，对于边长大于1.0～1.5m的矿柱其强度因尺寸的增加而降低的幅度可以忽略。

Hedley 和 Grant 在观测加拿大安大略省埃利奥特湖（Elliot Lake）铀矿区矿柱稳定性的基础上提出了矿柱强度公式。

矿柱强度已经利用矿柱宽/高比和岩体强度的经验公式进行了评价，然后将计算强度与预测强度相比较，以评价实际的或预计的矿柱特性。然而，常规的岩体强度方法（摩尔－库仑准则、霍克布朗准则）在确定试件强度时对其施加围压。强度公式结合这两种方法，建立了一种考虑了矿柱摩擦系数和经验强度常数的“通用”强度公式，再根据综合数据库中实例记载的最佳强度拟合曲线来确定经验常数。

这种方法与以前的那些方法一样，反映了影响矿柱强度的多项因素。其中包括现场岩体强度和矿柱形状，计算公式是：

$$P_s = S_i S_k \tag{8-18}$$

式中 P_s——矿柱强度，MPa；

S_i——体现尺寸效应和完整矿柱岩石强度的强度项；

S_k——体现矿柱形状效应的几何项。

强度公式的一般形式为：

$$P_s = K\sigma_c (C_1 + C_2 K_a) \tag{8-19}$$

式中 K——岩体强度系数；

σ_c——完整矿柱单轴抗压强度，MPa；

C_1，C_2——经验常数；

K_a——矿柱摩擦系数。

（1）矿柱平均强度系数。研究人员在利用不同的岩体破坏准则的数值模拟揭示，在矿柱中部的安全系数最先降至1以下。二维边界元模拟分析用来确定矿柱宽/高比与矿柱平均强度系数之间的关系，其结果可用式8－20表示：

$$C_p = 0.46\left[\log\left(\frac{W}{h} + 0.75\right)\right]^{\frac{1.4}{W/h}} \tag{8-20}$$

式中 C_p——矿柱平均强度系数；

W——矿柱宽度，m；

h——矿柱高度，m。

（2）矿柱摩擦系数。强度公式中考虑了类似加大材料摩擦角这一因素。通过矿柱平均强度系数确定矿柱的摩擦效应。为了给出“矿柱平均强度系数”，可画出各种直径的莫尔圆并求出有效的摩擦系数。随着矿柱平均强度系数（以及矿柱宽/高比）提高，莫尔圆包络线斜率降低，致使摩擦系数减小。利用莫尔圆包络线斜率的互补值即可得出“强度公式”中矿柱摩擦系数。公式 8－21 是矿柱摩擦系数的计算公式：

$$K_a = \tan\left[\cos^{-1}\left(\frac{1-C_p}{1+C_p}\right)\right] \tag{8-21}$$

式中 K_a——矿柱摩擦系数。

（3）矿柱强度公式。式 8－21 是硬岩矿柱强度公式。经验常数 C_1，C_2 是根据最接近综合数据库中记载的矿柱实例来确定的。矿柱强度由下式确定：

$$P_s = 0.44\sigma_c(0.68 + 0.52K_a) \tag{8-22}$$

式中 P_s——矿柱强度，MPa；

σ_c——完整矿柱单轴抗压强度，MPa。

（4）矿柱稳定性评价。国内外目前矿山设计中，矿柱安全系数普遍采用下式计算：

$$F_s = \frac{P_s}{\sigma} \tag{8-23}$$

式中 F_s——安全系数；

σ——作用在矿柱上的应力，MPa。

石人沟铁矿矿柱稳定性分析如下。

针对石人沟铁矿的具体情况，设计矿柱宽度 $W = 8$m，矿柱高度 $h = 44$m，则：

$$C_p = 0.46\left[\log\left(\frac{W}{h} + 0.75\right)\right]^{\frac{1.4}{W/h}} = 0.46\left[\log\left(\frac{8}{27.5} + 0.75\right)\right]^{\frac{1.4}{8/27.5}} = 1.59 \times 10^{-9}$$

$$K_a = \tan\left[\cos^{-1}\left(\frac{1-C_p}{1+C_p}\right)\right] = 7.98 \times 10^{-5}$$

对于矿柱，$\sigma_c = 11.77$MPa，则：

$$\begin{aligned} P_s &= 0.44\sigma_c(0.68 + 0.52K_a) = 0.44 \times 11.77 \times (0.68 + 0.52 \times 7.98 \times 10^{-5}) \\ &= 3.522\text{MPa} \end{aligned}$$

作用在矿柱上的应力：

$$\sigma = \frac{F}{S} = \frac{mg}{S} = \frac{3.58 \times 10^3 \times (8 \times 28 \times 27.5 + 42 \times 30 \times 28 \times 0.33) \times 9.8}{8 \times 28} = 3.222\text{MPa}$$

所以矿柱的安全系数为：

$$F_s = \frac{P_s}{\sigma} = \frac{3.522}{3.222} = 1.093 > 1$$

故矿柱是安全的。

8.3　小结

本章小结如下：

（1）对石人沟 -60m 水平中段采空区的调查显示，该水平已知的采空区大约有129个，大部分处在矿山北区，南区的采空区较少，该水平中段的回采工作已经基本结束，只有少数的采空区在进行出矿，因此采空区的形态也基本处在稳定的状态。

（2）利用CMS探测系统对采空区进行了测量，经过对数据的后处理，形成了采空区的实体模型，通过实体模型可知，目前采空区的形态差异较大，有的采空区形状比较规则，而有的却极不规则，采空区的跨度和高度相差很大，从几十米到十几米不等，造成了很大的安全隐患。通过对采空区体积的计算，发现不同采空区的体积相差很大，从几千立方米到几万立方米不等，这也给采空区后面的充填处理造成了困难。采空区中残留了大量的矿石，故有必要对矿柱进行进一步的回采。

（3）结合探测结果和之前相关项目对矿区的岩石和矿体的物理力学参数的研究结果，对采空区的顶板及矿柱进行了强度的理论分析。经过理论分析可知，采空区的顶板的抗拉强度为0.942MPa，以此为标准可知，已进行探测的22个采空区中有11个的顶板是不稳定的，必须采取一定的安全措施。在对矿柱进行强度计算时，综合矿山的生产现状和技术人员提供的数据，取定了矿柱的高度和宽度进行统一的强度分析，分析表明，矿柱目前是稳定的，可以进行一定量的回采。

9 围岩稳定性的实时监测分析及预警

微震监测技术是近几年来发展起来的一项高新技术，利用声发射学、地震学和地球物理学原理以及计算机强大的功能来实现微震事件的精确定位和级别大小的确定。该技术可以长期连续不间断地进行监测和数据分析，具有远距离、动态、实时的特点，是解决露天转地下开采安全监测与防治问题比较合适的技术。本课题利用先进的非接触性的自动连续预测技术的监测，对露天转地下矿山的地压活动规律进行分析、总结，实现了对示范矿山的露天边坡、露天转地下开采衔接层在地下开采扰动下岩体破裂过程的实时监测，基于应力场分析进行岩体失稳预警、预报，为矿山安全生产提供了技术支撑和决策支持。

9.1 微震监测系统的选择

石人沟铁矿中使用的微震监测系统为加拿大的ESG，本套系统采用灵敏度为30V/g的单轴压电式加速度传感器。此类传感器是专门用于监测岩爆、突水的A1030加速计。这类传感器是一个外径2.54cm，长10.2cm的、用于微震监测系统的不锈钢加速计。线缆是由白色的正极电源/信号、黑色负极电源/信号以及红色的供电芯线组成的屏蔽电缆。Paladin系统是ESG系统的数据采集记录部分，是系统最核心的部分。表9－1为Paladin系统技术参数指标。

表9－1 Paladin系统技术参数指标

名　称	Paladin系统
数字化	24位模数转换
网络可扩展通道	强大的集成功能，可扩展至256个通道
信号触发模式	阈值或STA/LTA
信号电压	直流≤24V
电源电压	220V（AC）
动态响应范围	＞115dB
数据存储	可扩展至256MB的32MB内部固态存储，可记录并保存连续数据
数据存储格式	二进制和Access文件，方便用户获取多达16项事件特征的信息
信号采样率	50Hz～10kHz
信号带宽	DC－1/4采样率
信号增益	0dB，6dB，20dB，40dB
辅助增益	6～72dB

续表 9－1

名　称	Paladin 系统
能耗	<10W
电源供应	110V（DC）

9.2　微震监测系统设计与安装

根据微震监测系统的安装施工要求，结合石人沟现场情况，通过到井下拟监测区域实地摸排查看，确定微震监测系统网络拓扑图（图 9－1）、Paladin 系统安装施工图（图 9－2）和点位图（图 9－3）。

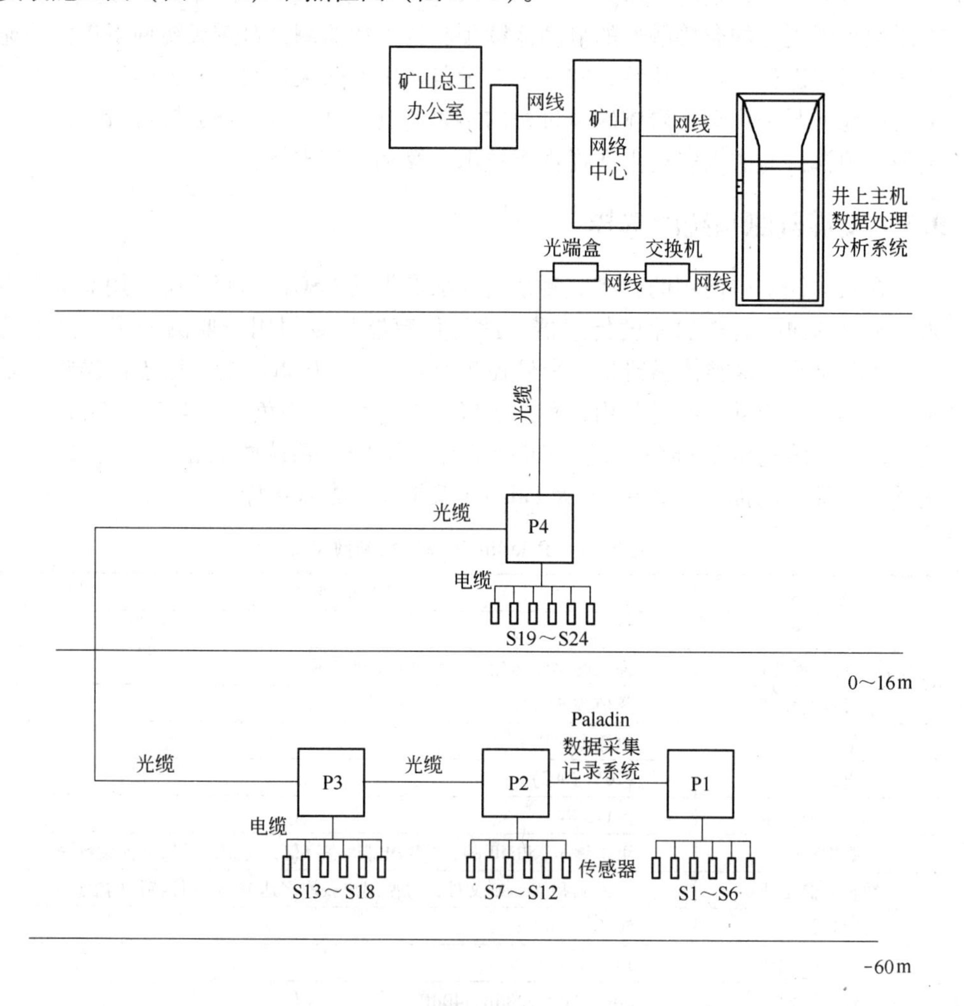

图 9－1　微震监测系统网络拓扑图

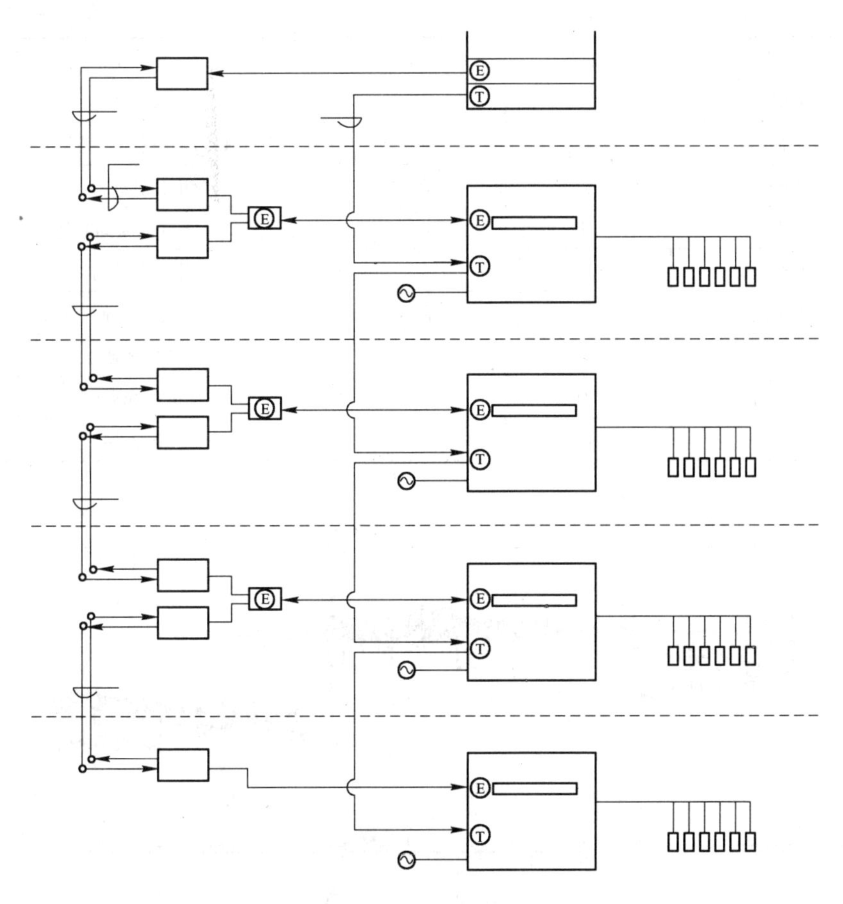

图9－2 Paladin系统安装施工图

9.2.1 准备工作

为了使整套系统的安装能够顺利进行，安装过程中还需要准备以下物品：钢笔或圆珠笔、标签、手套、螺丝刀、螺纹钢筋（20mm），胶带、真空脂、环氧树脂、快速凝固剂，带有耦合器的光端盒、HUB交换机等。项目安装所需器材清单见表9－2。

表9－2 项目安装所需器材清单

名　称	数量	单位	备　注
传感器电缆	7000	m	
光纤收发器	8	个	单模，注意端口类型
终端盒	5	个	

续表 9 - 2

名 称	数量	单位	备 注
HUB	3	个	注意端口
5 类网线	50	m	CAT5，视现场情况而定
UPS	1	台	井上主机用
锚杆树脂	24	根	3 ~ 4min 的凝固时间
多功能插排	1	个	井上主机用
电话	2	部	安放在硐室内，便于联系
电缆标志牌	若干	个	标注传感器号
手摇电话	若干	部	测试线缆通信
胶带	1	个	安装连接

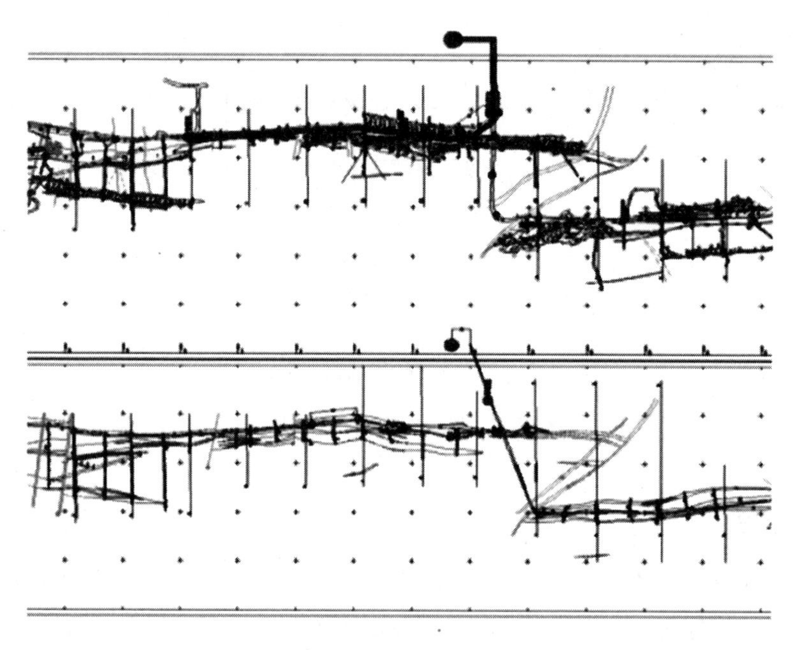

图 9 - 3 微震监测系统点位示意图

9.2.2 传感器安装

传感器钻孔要求：孔径应在 32 ~ 38mm 之间，钻孔深度为 3 ~ 5m，为了便于安装传感器，应尽量往顶板上打孔，孔的倾角至少应大于 70°。钻孔位置示意图按设计方案位置钻孔，根据现场实际情况，可以对传感器的钻孔位置稍作调整。传感器安装于孔底，安装传感器前应全面检查孔底成孔情况。预先至少要打好 4

个钻孔，并量测到实际钻孔的准确孔口三维坐标，通过几何计算最终获得各个孔底的三维坐标。这些孔底坐标要输入系统软件参与定位计算，将会直接影响到最后的微震事件定位。由于微震活动随着采矿活动的进行而不断改变，为了以后能重复利用传感器，该系统采用可回收式安装。安装传感器前，应在钻孔口测试传感器，确保传感器工作正常。

用快速凝固树脂固定到孔底，利用安装杆安装，把传感器电缆穿过传感器安装工具的孔，用安装杆将传感器滑向钻孔底部，并固定 4 ~ 5min。等树脂凝固后，小心移出安装杆和工具，连传感器线接到电源上，并检查偏压是否处于18 ~ 22V 之间。另外，传感器将安装于孔底灌浆柱头螺栓上，建议使用电缆螺栓灌浆树脂。之后，按顺序安装好各个传感器，并附带柱头螺栓（螺栓与垫圈）和纸杯。

9.2.3 线缆安装

井下线缆靠近巷道壁悬挂敷设，敷设高度适宜，易于以后维修更换。水平巷道内的线缆悬挂点间距为 3.0 ~ 5.0m，传感器安装处视现场环境预留一定长度的线缆。井上根据现场实际情况采用架空方式。

9.2.3.1 传感器电缆

传感器通过一对 20AWG（American Wire Gage standard）、带有铝线圈的屏蔽线铜电缆连接到 Paladin 系统上。传感器附带的电缆线长度（10m）有限，需要购买同类型号的传感器电缆，型号及规格为 20AWG，带铝线圈的双绞屏蔽铜电缆，总共需要此型号电缆 24 根，且每根总长小于 600m。

9.2.3.2 网线

井下 Paladin 和井下光端盒、井上光端盒和井上主机之间都需要安装网线分别把数字信号转换为光信号，光信号转换为数字信号。

9.2.3.3 光纤

井下 Paladin 与地面 PC 机间的数据通信通过光纤采用 TCP/IP 协议传输，因此需要安装单模式光纤。

另外，各种信号电缆的布置应尽量远离动力电缆及照明电线，适宜布置在巷道无电缆布置的另一侧，如果不能避免，应将信号电缆布置成与其他电缆相垂直的形式，以减小对信号电缆的干扰。信号电缆用铁丝固定在沿线路拉好的钢丝上，以抵抗井下爆破时的冲击波或岩石冒顶对其的扰动。而且，所有线缆均需悬挂并贴上标签，在系统建立之后，应对各传感器、电缆、光缆、集线器、连接盒等设备逐个进行检验，确保各设备所受到的干扰影响达到最小。安装完毕后的Paladin箱体如图9－4所示。

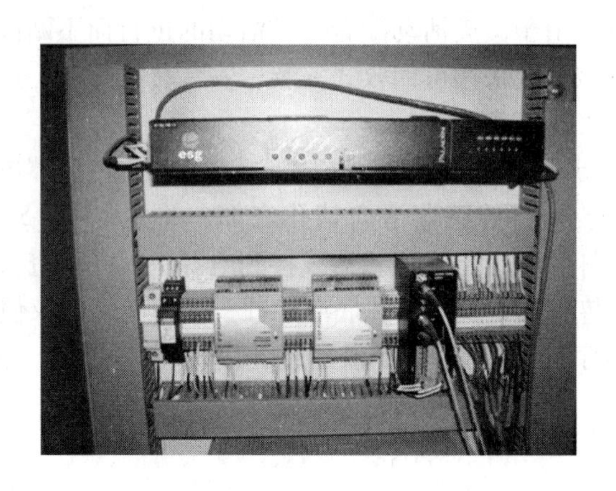

图9－4 安装完毕后的Paladin箱体

9.3 微震活动实时监测与数据处理

9.3.1 系统软件

ESG微震监测系统主要由硬件和软件两部分构成，采用模块化设计方式，实行远程采集PC配置，其构成主要包括：硬件部分和软件部分。硬件部分包括：24通道的加速计、配有电源并具备信号波形修整功能的Paladin传感器接口盒、Paladin地震记录仪、Paladin主控时间服务器、软件运行监视卡Watchdog。

软件部分包括：Paladin标准版监测系统配备HNAS软件（信号实时采集与记录）、SeisVis软件（事件的三维可视化）、WaveVis软件（波形处理及事件重新定位）、ProLib软件（震源参数计算）、Spectr波谱分析软件、DBEidtor软件（数据过滤及报告生成）、Achiever软件（数据存档）、MMSView软件（远程网络传输与三维可视化）等组成的整套监测系统。

配置MMSView的ESG微震监测系统有助于工程师对微震活动的演化规律做出预测，其主要功能如下：

（1）实时、连续地采集现场产生的各种触发或连续的信号数据，并可以将采集数据记录保存多天，允许用户查看并随时重新处理从远程站点采集到的数据；

（2）自动记录、显示并永久保存微震事件的波形数据；

（3）系统采用震源的自动与人工双重拾取，可进行震源定位校正与各种震源参数的计算，并实现事件类型的自动识别；

（4）可利用软件的滤波处理器、阈值设定与带宽检波功能等多种方式，修整事件波形并剔除噪声事件；

（5）利用批处理手段可处理多天产生的数据列表；

（6）自动记录采集到的震源信息，并保存为 Access 文档；

（7）可导入待监测范围内的矿体、巷道等几何三维图形，提供可视化三维界面，实时、动态地显示产生的微震事件的时空定位、震级与震源参数等信息，并可查看历史事件的信息及实现监测信息的动态演示；

（8）在交互式三维显示图中，可进行事件的重新定位；

（9）可选择用户设定时间范围内的、所需查看的各种事件类型，并输出包括事件定位图、累积事件数以及各种震源参数的 MS WORD 或 MS EXCEL 报告，用户可根据需要查看事件信息；

（10）可对微震数据进行过滤并定期打包保存。

9.3.1.1 模型导入

打开 SeisVis，按照下面的操作步骤导入需要的模型，Options > View > Add-View > Browse，选择输入模型的文件类型，导入模型。模型导入界面，信号实时采集窗口及事件处理界面如图 9-5 ~ 图 9-9 所示。

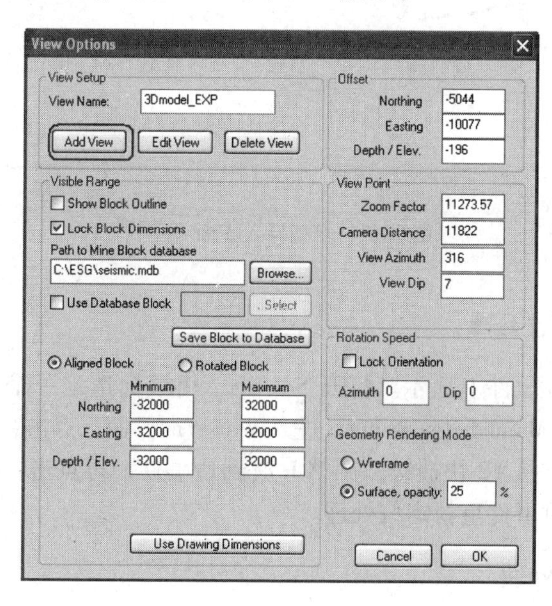

图 9-5 模型导入界面（一）

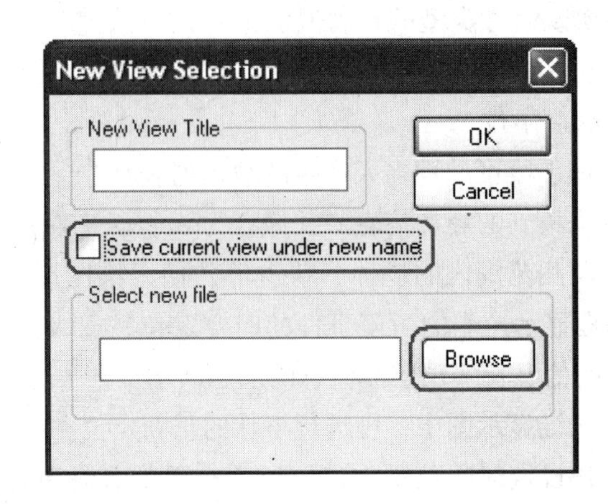

图 9 – 6　模型导入界面（二）

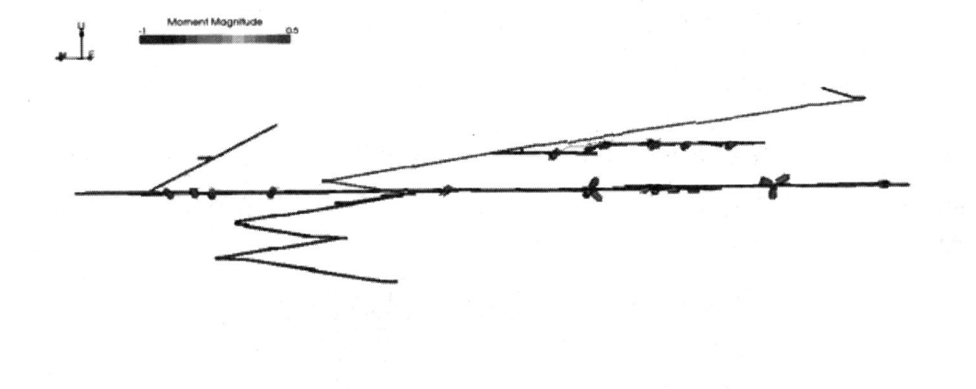

图 9 – 7　模型导入界面（三）

9.3.1.2　事件处理

事件在 HANS 软件上显示。打开 SeisVis，用鼠标选定一个事件球，点击右键，再点击 Wave-Manual Processing，进入 WaveVis 界面，点击，使系统再次自动获取 P 波拾取点，按 F2 快捷键，调整 P 波到达事件，再点击，系统重新计算事件定位点，实现对事件重新定位处理。

9.3.2　微震信号处理

在系统和检测范围内，各种原因，比如工作面的推进、机械活动、风机的运

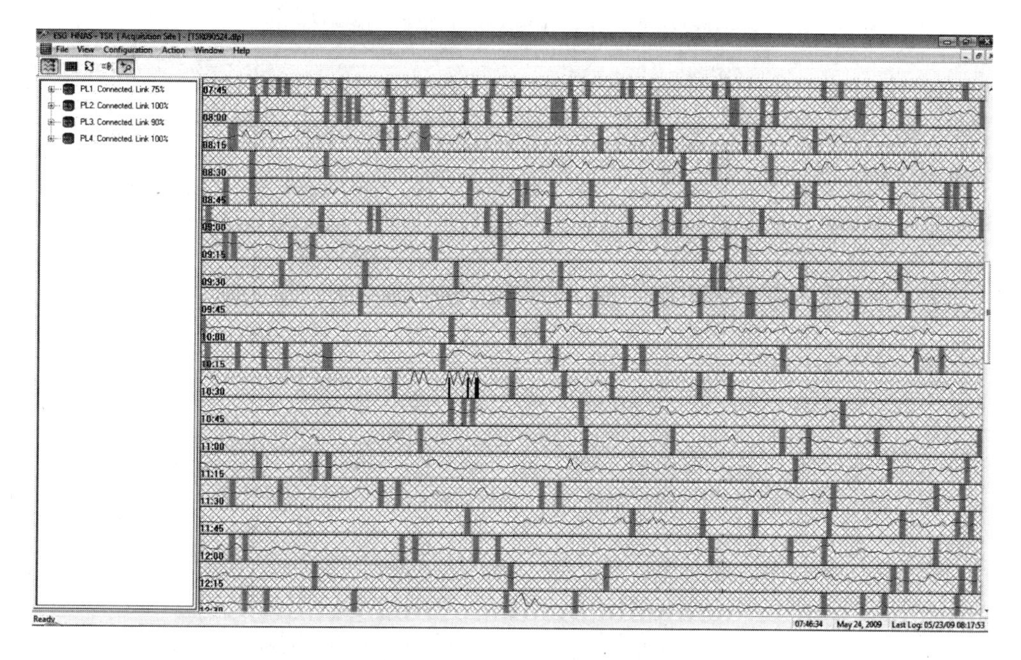

图 9-8 信号实时采集窗口

行以及电机车运输等产生的信号都会被微震监测系统所接收。如何识别出各种不同的信号，尤其是快速识别出那些由岩体内部发生破裂产生的信号以便及时采取措施，避免发生事故，保护作业工人的生命安全，指导安全生产，是微震监测的主要目的。通过微震信号的时频特征分析，总结提炼出不同信号的重要波形特征，提取信号参数属性是十分必要的。

9.3.2.1 干扰的类型

微震监测系统每天都可以检测到大量的信号，有时达到数万个，其中包括有效信号和无效信号，有效信号中还包括大量的干扰信号，其中由于生产运输等产生的干扰信号占据绝大部分。

井下的噪声源非常多，通过大量的噪声信号分析，井下噪声可以归纳分类为以下 4 种类型：

（1）电气噪声。该类噪声主要是井下的各种电器设备等产生的电气干扰，主要包括 3 类：第一类是如风机、综掘机等大型动力机械运行的电磁干扰、动力电缆、线路相互干扰等；第二类是声发射监测系统本身产生的电气噪声；第三类为电缆与传感器或主机接头处接触不紧而产生的噪声。电气噪声的特点是：一部分噪声属于白噪声，即各种频率成分都有，振幅变化不大，主要是由电子元器件自身产生的；一部分噪声的频率基本固定，是由设备运行产生的感应，另一部分

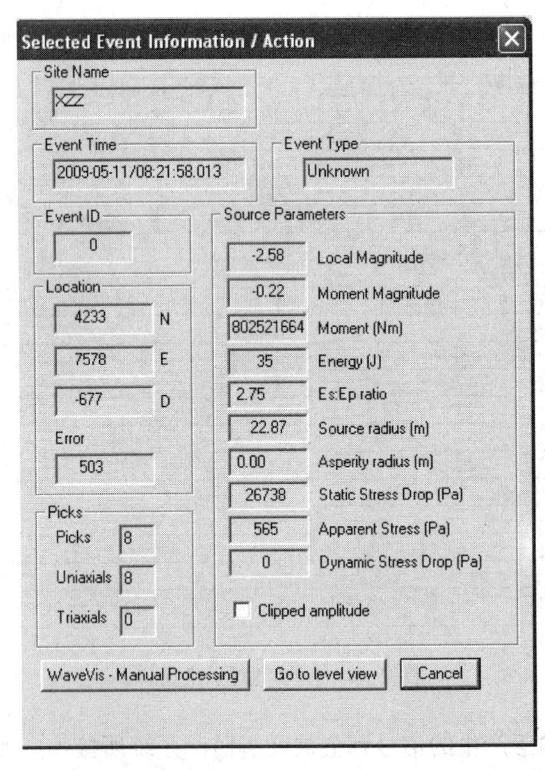

Selected Event Information / Action
Site Name
XZZ
Event Time
2009-05-11/08:21:58.013
Event Type
Unknown
Event ID
0
Source Parameters
-2.58 Local Magnitude
-0.22 Moment Magnitude
802521664 Moment (Nm)
35 Energy (J)
2.75 Es:Ep ratio
22.87 Source radius (m)
0.00 Asperity radius (m)
26738 Static Stress Drop (Pa)
565 Apparent Stress (Pa)
0 Dynamic Stress Drop (Pa)
Clipped amplitude
Location
4233 N
7578 E
-677 D
Error
503
Picks
Picks 8
Uniaxials 8
Triaxials 0
WaveVis - Manual Processing
Go to level view
Cancel

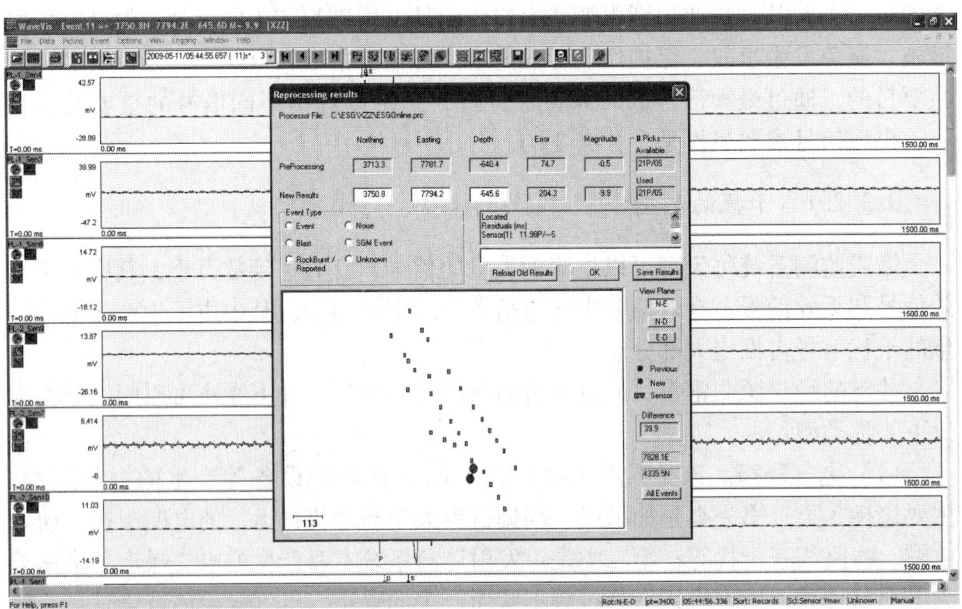

Reprocessing results
Northing
Easting
Depth
Error
Magnitude
PreProcessing
3713.3
7781.7
-640.4
74.7
-0.5
New Results
3750.8
7794.2
-645.6
204.3
-9.9
Event Type
Event
Noise
Blast
SGM Event
RockBurst / Reported
Unknown
Reload Old Results
OK
Save Results
View Plane
N-E
N-D
E-D
Previous
New
Sensor
Difference
39.9
7828.1E
4339.5N
All Events
113

图 9-9 事件处理界面

是电器设备启动时产生的尖脉冲信号，幅度可能很大，但持续时间极短。接头接触不紧产生的噪声一般幅度很大，波形连续且振幅变化极大，波形失真，该类噪声在认真操作的前提下出现的概率非常小。

（2）机械作业噪声。主要是井下工作面各类机械设备在作业过程中产生的噪声，如综掘机作业、风钻作业、钻机作业、风镐作业、锚杆钻机作业等。其基本特点是规律性较强。在机械作业时，集中产生大量信号，并具有明显的周期性，这是机械运转频率所固有的。对于综掘机、大直径钻机等在短期内波形呈现出连续的特点，即使偶尔不连续，持续时间都较长，对于风镐、风钻等设备，噪声信号呈现出明显的等间距特点。机械作业噪声的振幅一般变化较小。

（3）人为活动噪声。主要是工作面附近人为活动过程中产生的作业噪声，如人工诱导冒落、敲帮问顶、架设支架、出渣、放炮、整修巷道、连接管道、敲打钻杆、从矿车上搬卸重型材料等过程中产生的噪声。人为活动噪声是最难滤除的一种噪声，因为它产生的方式多样化，呈现出的规律性一般不强，频率变化范围较宽，振幅变化也较大，特点一般不十分明显，有些噪声与有效 AE 信号十分相似，但是与机械噪声等相比，其信号数量相对较少。

（4）随机噪声。主要是传感器附近的片帮、垮落以及安装探杆的钻孔内、孔口垮落时碰击到探杆或传感器引起的噪声。随机噪声的特点是：有些幅度大，有些幅度小，频率有高频成分，也有低频成分，波形形状很像有效 AE 信号，但信号的出现比较集中。

9.3.2.2 抗干扰技术

A 供电系统的抗干扰

微震监测系统属于有源设备，需要有稳定的电流供应才能保障其正常工作。如果供电系统不能输出稳定的电压，即使电压尖峰值没有超过系统的保护电压范围，由于系统长期在不稳定的环境下运行，会大大降低系统自身的使用寿命，也会受到交变电流感应产生的低频电磁干扰，影响系统监测信号的效果。矿上所用的接线开关以及系统自带的稳压变压器有效地解决了这个问题。同时采取软件、硬件结合的看门狗（Watchdog）技术抑制尖峰脉冲的影响。在定时器定时到之前，CPU 访问一次定时器，让定时器重新开始计时，正常程序运行，该定时器不会产生溢出脉冲，Watchdog 也就不会起作用。一旦尖峰干扰出现了“飞程序”，则 CPU 就不会在定时到达之前访问定时器，因而定时信号就会出现，从而引起系统复位中断，保证系统回到正常程序上来。

B 信号传输通道的抗干扰

微震信号采集设备及传感器一般安装在井下，而信号处理系统则安装在地表，因数据线及双绞屏蔽线的传输距离有限，而且传输过程中信号损耗大，衰减快。长距离的信号传输，为了尽量减小信号在传输过程中的损耗，采用单模光纤将信号传输至地表。

光纤传输具有以下优点：

(1) 光纤在工作时不导电，对高压电有隔离作用。避免了电路之间的电磁效应引起的相互干扰；

(2) 众多电气设备的启停、开关的闭合、各种电弧等不会对光纤通信产生影响，光纤通信自身不会辐射干扰其他设备；

(3) 光纤受温度的影响小、抗化学腐蚀和抗氧化性能强。工作受恶劣环境的约束小，光纤的寿命比铜缆长；

(4) 使用光纤通讯不存在接地、共地的问题，安装、测试过程中没有电压、电流的干扰。

从采集系统中输出的数字信号转换为光信号必定会有损失，采用光电耦合器能够有效地抑制尖脉冲和各种杂讯干扰，使通道上的信号杂讯比大大提高；同时由于微震信号在传输过程中会受到电场、磁场和低阻抗等干扰因素的影响。通讯电缆选用屏蔽电缆，对于低抗电磁干扰，选择编织屏蔽最为有效，因其具有较低的临界电阻。而对于射频干扰，箔层屏蔽最有效，因为编织屏蔽依赖于波长的变化，它所产生的缝隙使得高频信号可自由进出导体。而对于高低频混合的干扰场，则要采用具有宽带覆盖功能的箔层加编织网的组合屏蔽方式：编织屏蔽适用于低频范围，而箔层屏蔽适用于高频范围。

9.3.3　波形初步分析

尽管矿山微震监测系统的安装环境要求尽量避免嘈杂、电火花、高压电、强磁干扰以及爆破产生的烟雾、粉尘等影响，但由于井下环境的限制，置于井下生产作业环境中的微震监测系统，仍不可避免受到来自周围各种杂电、机械噪声的干扰，微震监测的信号识别仍受到了很大的影响，对其进行滤波处理是必须要进行的。由于干扰信号存在多样性的特点，用软件门槛值进行滤波过于单一化，有时会把有用的监测信号给滤掉，这样会给分析微震信号的工作带来了很大的难度。因此需要对井下各种噪声都逐一进行全波形分析，才能准确把握其特点及其变化。然后利用这些基本特征与有效 AE 信号的特征对比，从而可以把有效的 AE 信号从复杂的噪声中分析出来，为微震活动信息的分析做好准备。为此，在井下对工作面作业全过程的工序进行记录，并与监测主机采集的信号进行一一对应，对每一种噪声源产生的噪声进行反复回放分析、总结和归类，建立了适合于井下噪声信号和 AE 的数据库。

(1) 微震监测记录具有明显的波形特征，振幅大、频率低、延续时间短、传感器接收到波的时间不相同。由于每种事件产生的波段不同，使得有些干扰能够很容易地与微震波区分开来。因此，虽然井下各种干扰信号较多，有些干纷扰信号很强，但是实际上很容易与有效信号区分开来，不会干扰地震的正常检测，对于资料解释和定位不会带来很大的影响。根据检测记录可以总结出微地震波的一些重要特征，这些特征使得微震信号能够被识别，并且可靠性高。微震信号波形如图 9 – 10 所示。

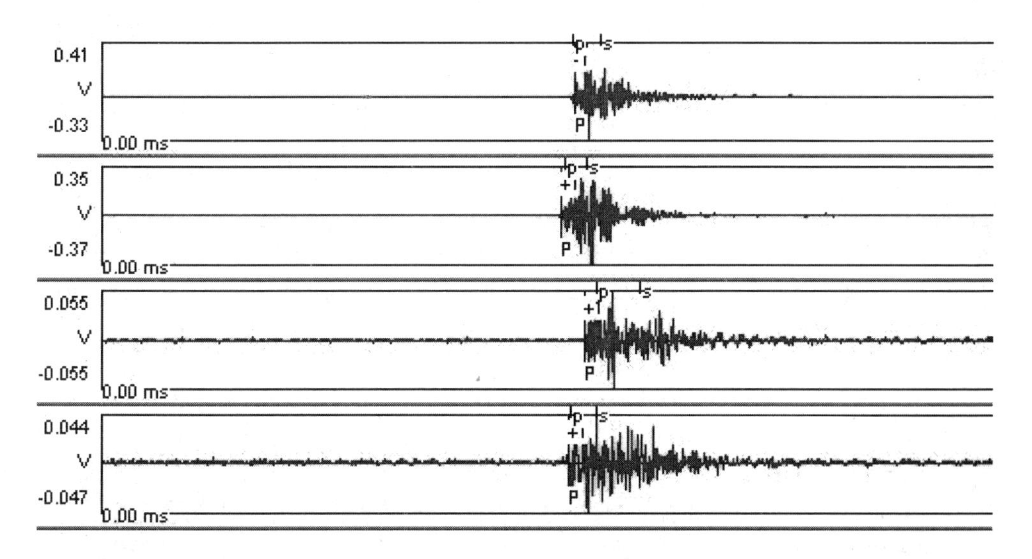

图 9 – 10　微震信号波形

从图 9 – 10 可看出，离震源较近的传感器，弹性波传输距离短，到达峰值时间短，得到的波形振幅大，能量较高，持续时间短，近似于谐振波形，为有效的微震信号。

(2) 在干扰信号形成的波形中，以爆破波形最常见。矿山开采活动不断，巷道掘进作业几乎每天都在进行。爆破在金属矿山是最频繁的活动之一。爆破会引起顶板松动冒落，岩体破裂，甚至发生岩爆，引起断层活化，发生岩层滑移，给矿工造成巨大生命隐患。因此，爆破震动产生的信号也是我们关注的焦点，研究爆破震动的信号波形特征有助于我们进一步了解岩石破坏模式，预测发生灾害的潜在区域。爆破波形、工作面连续作业波形、未知波形分别如图 9 – 11 ~ 图 9 – 13 所示。

9.3.4 信号滤波处理

井下很多种情况都会对微震监测产生波形干扰，有些情况（如爆破、机械工作等）还会引起微震事件的产生，由于这些情况是以声波或电磁波的形式对微震监测形成干扰，如果不能很准确地将这些干扰滤除，将会严重影响微震监测

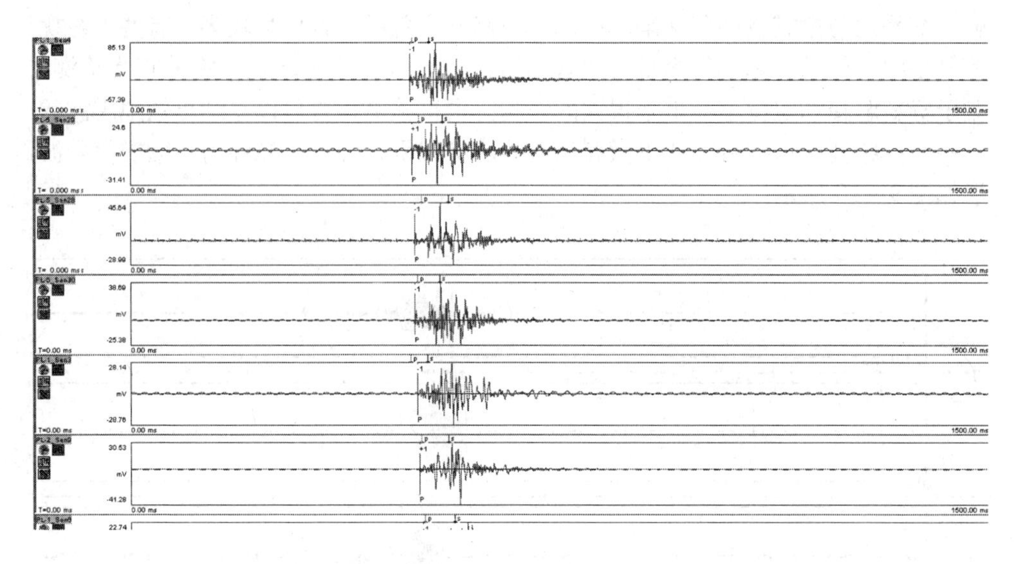

图 9 – 11　爆破波形

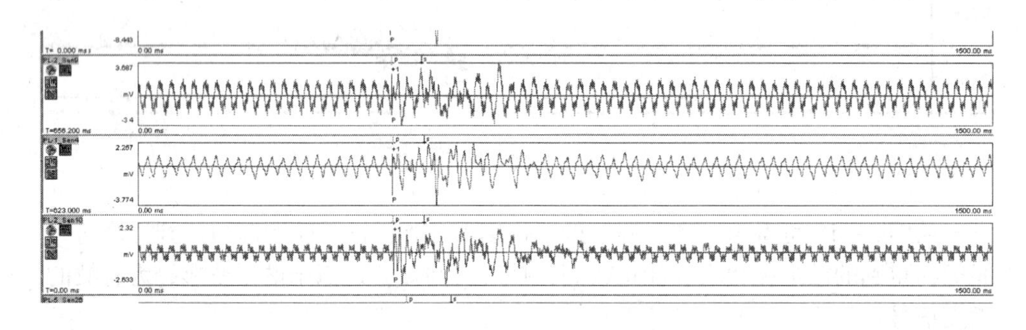

图 9 – 12　工作面连续作业波形

的效果和准确性。根据这一特点，可以在微震监测系统中设置频率监测范围，滤掉微震声发射信号的频率范围以外的大部分信号。另外，尽管矿山微震监测系统的安装环境要求尽量避免嘈杂、电火花、高压电、强磁干扰以及爆破产生的烟雾、粉尘等影响，但由于井下环境的限制，置于井下生产作业环境中的微震监测系统，仍不可避免受到来自周围各种杂电、机械噪声的干扰，微震监测的信号识别造成了很大了影响，对其进行滤波处理是必须要进行的。由于干扰信号存在多样性的特点，用软件门槛值进行滤波过于单一化，会把有用的监测信号给滤掉，这样会给分析微震信号的工作带来很大的难度。通过长期探索及现场调查，主要从以下几个方面来滤除干扰信号：

（1）硬件滤波。在本系统中，硬件滤波首先将信号通过滤波器（Butter-

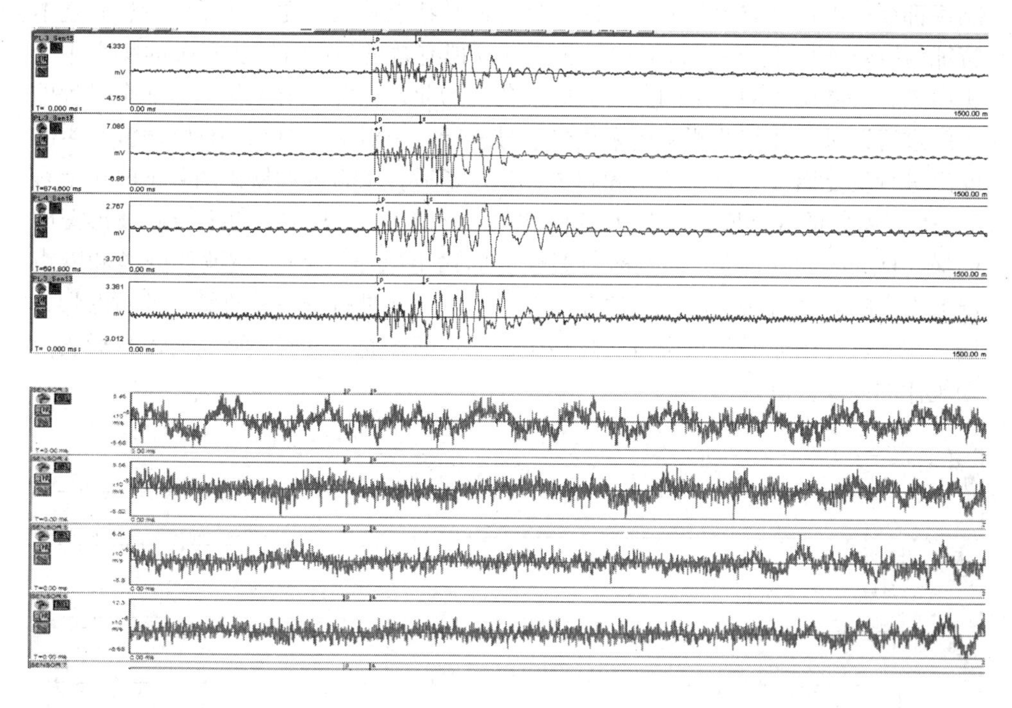

图 9-13 未知波形

worth)，然后经过双积分 A/D 转换来消除有用信号上的干扰信号，这样就把大部分低频与超高频信号滤除，保留微震信号，主要用于从输入信号中提取需要的一段频率范围内的信号，而对其他频段的信号起到衰减作用。

（2）软件滤波。采用单纯的硬件电路滤波，处理不好很容易滤去有用信号，辅以软件滤波是智能传感器独有的，对包括频率很低（如 0.01Hz）各种干扰信号进行滤波，一个数字滤波程序能为多个输入通道共用。常用的方法有平均值滤波、中值滤波、限幅滤波、惯性滤波。在本系统中，把幅度大于采样周期和真实信号的正常变化率确定相邻两次采样的最大可能差值作为噪声处理。

如何进一步完善不同微震信号的特征比较指标，建立真正普遍化、实用可靠的识别技术，并对微震复杂信号进行识别及除噪，使信号识别更快速、准确、有效，仍需大量的统计和分析研究，最终会建立起完备的适合石人沟铁矿微震监测系统监测的波形类型和噪声源数据库。

9.3.5 波形数据库建立

井下的噪声多种多样，各种噪声的特点各不相同，即使是同一种噪声，因为产生的条件和环境等因素的不同也会表现出不同的特点，所以，必须对井下各种噪声都逐一进行全波形分析，才能准确把握其特点及其变化。然后利用这些基本特征与有效 AE 信号的特征对比，从而可以把有效的 AE 信号从复杂的噪声中分析出来，为微震活动信息的分析做好准备。为此，在井下对工作面作业全过程的工序进行记录，并与监测主机采集的信号进行一一对应，对每一种噪声源产生的噪声进行反复回放分析、总结和归类，建立了适合于石人沟铁矿的井下噪声信号和 AE 声发射的数据库，如图 9－14～图 9－24 所示，其中：以下所有波形图中的横坐标为时间（ms），纵坐标为振幅值即输出电压（V）。该波形分类和噪声源数据库的建立对研究滤噪方法非常有用，可反复进行分析和总结，并对滤噪方法、滤噪软件的滤噪效果进行实际检验，以不断补充、完善一套符合本矿微震活动规律的滤噪方法。

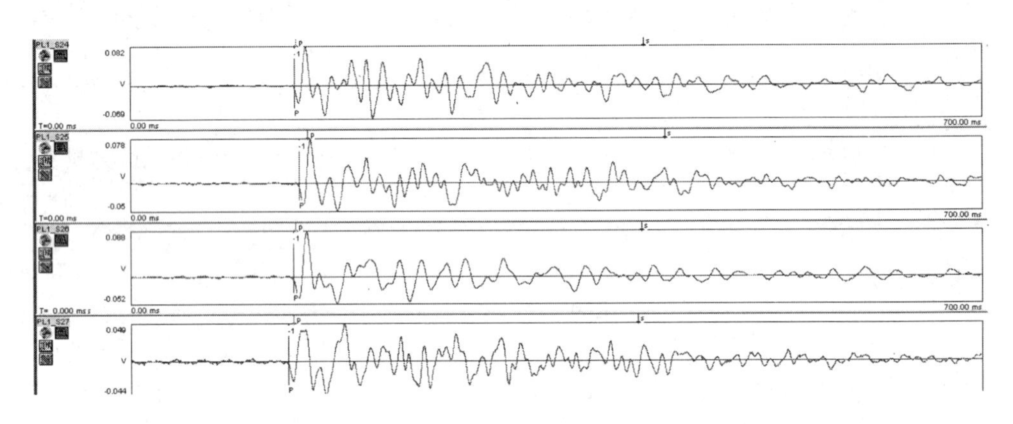

图 9－14　标准微震波形

图 9－15　放炮及炮后有效 AE 信号

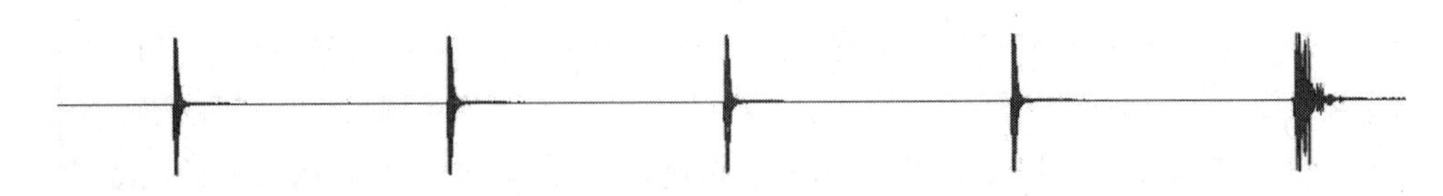

图 9－16　敲击实验波形

震动波传播路径不同决定其复杂性质，由于工作面震动波在不同成分的矿体岩层、填充体、巷道、铁轨等中传播，波的相互干扰较大，给准确定位带来很大难度。所有的震动波形的震源并非集中于一点，而是一种呈立体状的体震源。系

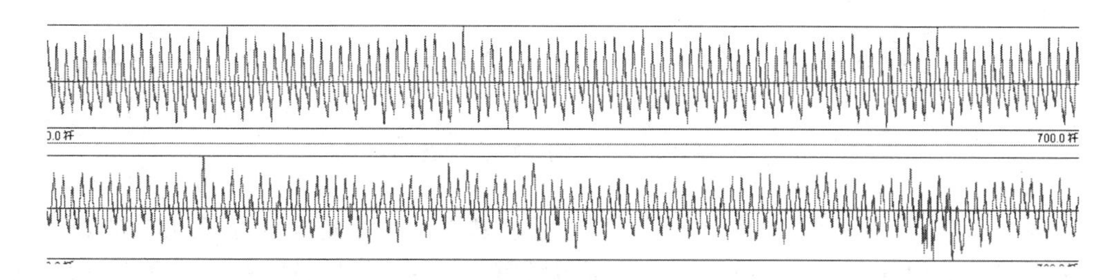

图 9－17 电流干扰

图 9－18 大块矿石溜井放矿

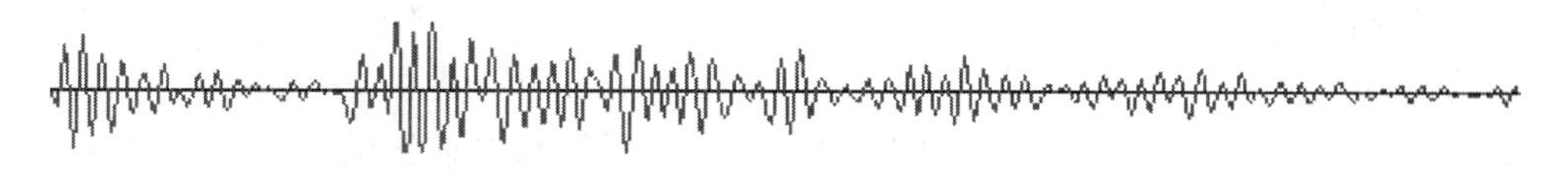

图 9－19 溜井内普通放矿

图 9－20 空矿车通过

图 9－21 重载矿车通过

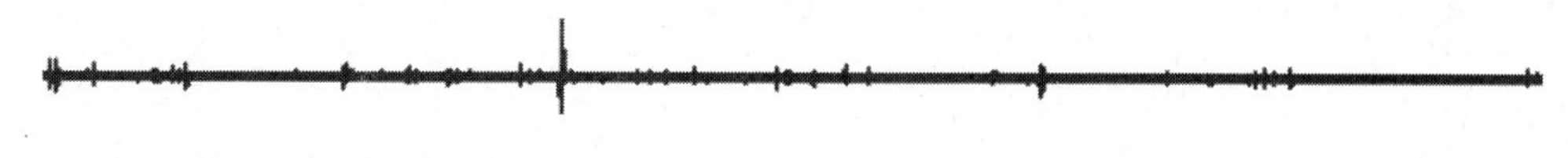

图 9－22 风机转动和振动

图 9－23 大块矿石爆破

图 9 – 24　矿房采矿大爆破

统运行以来监测到的典型波形信号，随着监测数据的不断完善，得到的波形信号种类将会更加齐全。如何进一步完善不同微震信号的特征比较指标，建立真正普遍化、实用可靠的识别技术，并对微震复杂信号进行识别及除噪，使信号识别更快速、准确、有效，仍需大量的统计和分析研究，最终会建立起完备的波形类型和噪声源数据库。

9.4　数据分析与微震活动规律研究

通过对实际岩体性质的测试，确定了岩体物理力学性质参数，确定了：16、17、18 剖面为稳定区，开采引起的顶柱拉应力区较小，稳定性较好；19、20 剖面为潜在失稳区。19、20 线的 F8 断层附近，开采将切穿断层，可能形成突冒、突涌危害。19、20 线的保安矿柱的尺寸、展布位置对整个矿区的安全十分重要。石人沟铁矿井下开采 –60m 水平平面稳定性分区示意图如图 9 – 25 所示，其微震波形、数据演化及危险区域如图 9 – 26 ~ 图 9 – 28 所示。

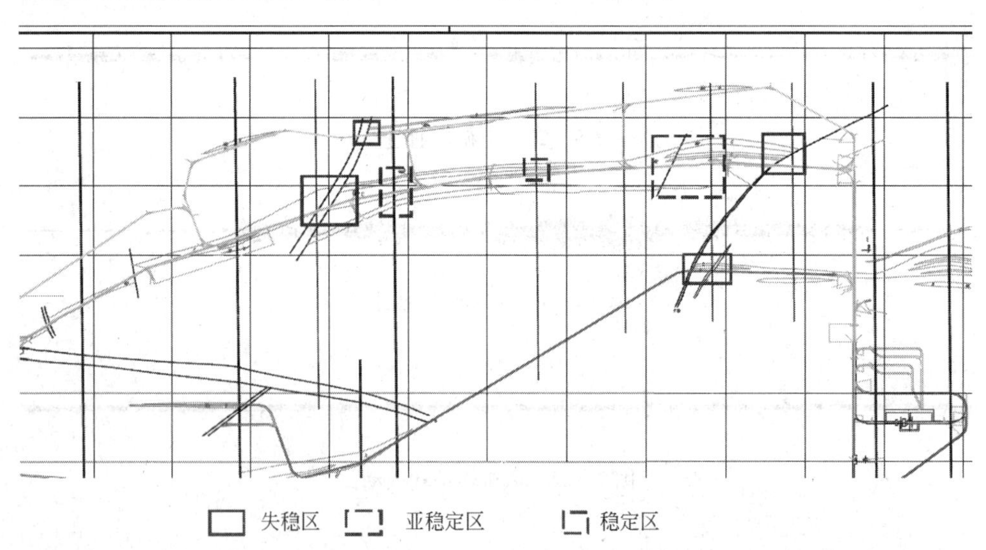

图 9 – 25　石人沟铁矿井下开采 –60m 水平平面稳定性分区示意图

通过微震监测系统一年多的监测，并对 19、20 线附近区域数据优先处理，进行数据演化，运输主巷为脉内布置受爆破震动影响较大,19 线附近微震事件大

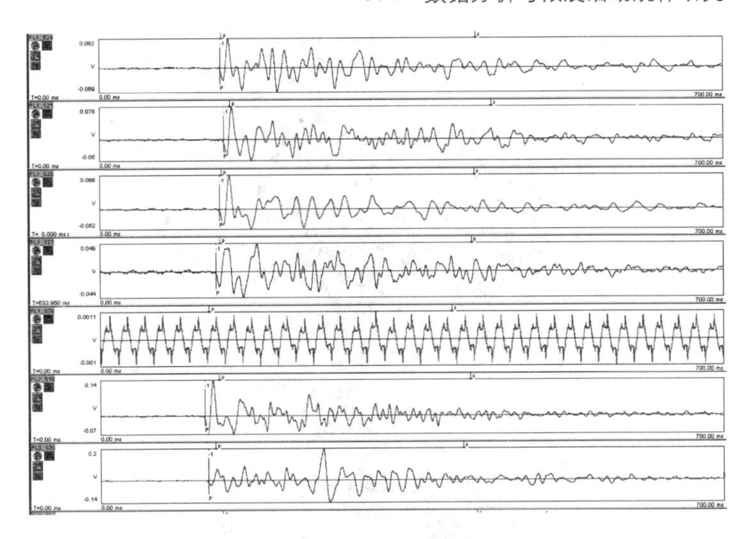

图 9－26 微震波形

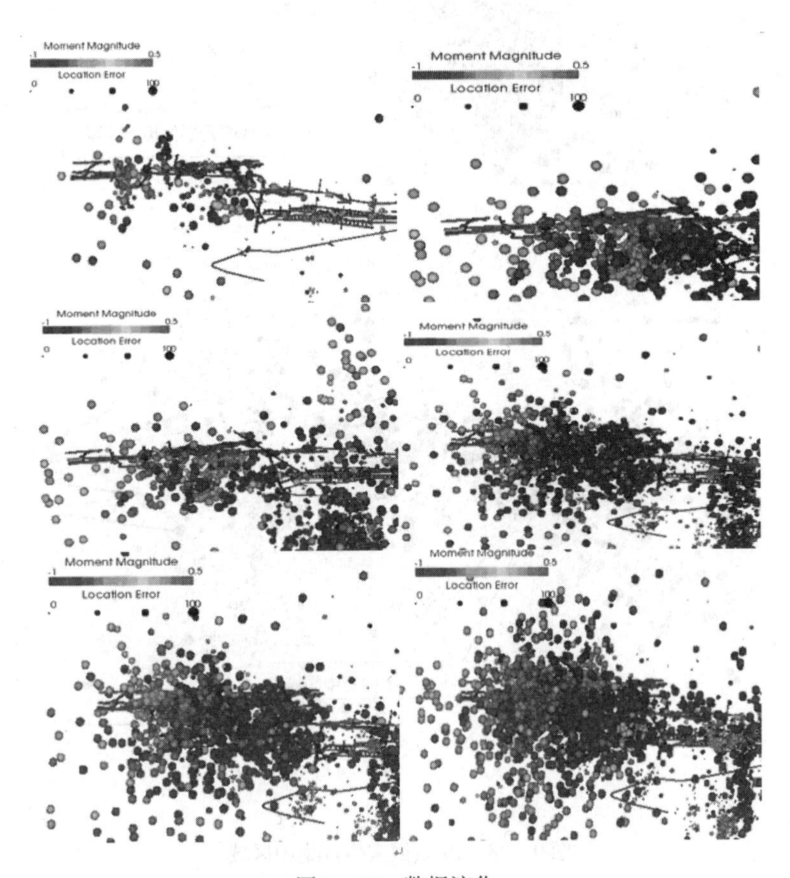

图 9－27 数据演化

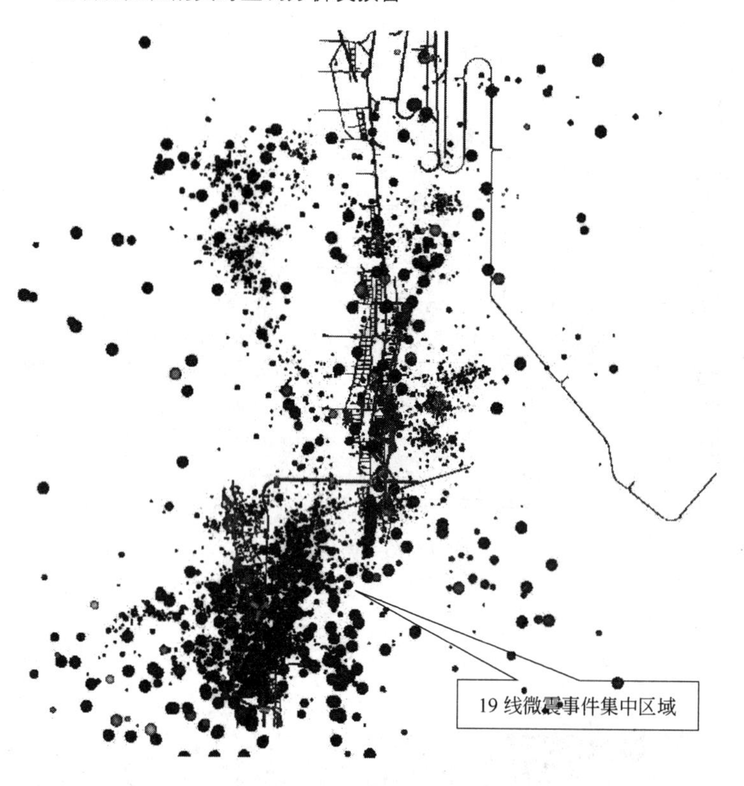

a

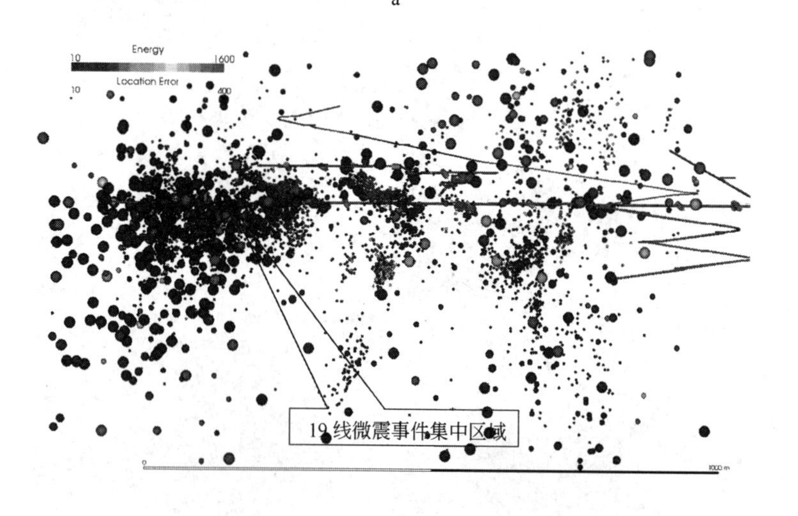

b

图 9－28　19 线微震事件集中区域

a，b—危险区域

量集中，出现了裂隙发育，虽未表现出大规模的垮塌，但运输主巷出现落石现象。为了保障安全生产，在进行能量计算处理后，先后多次向矿山管理层提出预警，并成功预报了两次较大规模的垮冒现象的发生，为矿山的安全生产和确保矿工安全提供了有力的支撑。

9.5 微震监测系统的防盗采功能

随着经济的发展，矿山采掘可以带来丰厚的利润，因此很多地区出现了没有经过规划和批准的非法采掘现象。这些非法的采掘效率低下，盗采后会造成所剩矿块大部分矿量无法正常采出，还会造成不明空区，如有积水，将造成突水灾害。目前，矿山防盗采尚无有效的设备和办法在盗采发生的第一时间给出被盗采矿块的三维坐标并记录下准确的时间。只有当合法开采人揭露出被盗采的部位时才能够知道情况，然而所发生的损失已经无法弥补。因此急需一种能够指示矿山盗采的准确时间和三维定位的装置，尤其能够实现快速安装，永久或临时监测，并对监测部位的地压灾害进行有效的预测的监测装置，以保护矿山资源，杜绝非法采掘的发生。本功能，首次由本课题组设计并成功使用于石人沟铁矿，现已申报了国家专利。

9.6 小结

通过微震监测系统近 2 年运行监测，从连续采集数据、几次小规模垮冒预测与实际垮冒发生对比分析看，表明了微震监测系统预测、预报的实效性，具体如下：

（1）从目前的数据来看，受微震影响出现的破坏区域可以预测，即预测巷道垮冒的危险区域。

（2）垮冒发生前，破坏区域存在一定的前兆：从时间上看，前兆不是出现在大规模垮冒前几个小时甚至更短，而是一日或者多日；从距离上看，并不仅仅是微震峰值区域内会发生垮冒，周围的几十米到上百米区域，也会发生垮冒。

（3）对于微震事件较为集中的区域以及峰值区域，要进行现场重点监测，利用全站仪进行位移观测，及时敲帮问顶，破碎严重的使用马蹄形可塑性金属支架，支架背后铺设金属网，并喷射混凝土联合支护。

以上建议均被石人沟铁矿所采用，并在 2010 年 5 月对断层所在区域进行了马蹄形可塑金属支架支撑，取得了很好的效果。

10 基于虚拟现实技术的矿山岩体动力灾害预测、预警

露天转地下过渡过程中影响因素很多，为了更好地了解数据进而做出准确决策，以达到优化设计、减小风险的目的，需要综合所有工程数据。特别是开采采矿活动都在地下岩石中进行，挖掘深度不断增加，地质条件更加复杂。这些工程活动通常要介入很多学科，如地质、地质力学和施工规划等，需要借助于可视化、形象化的工具来帮助决策。

基于虚拟现实平台，把前面分析与监测的数据进行整合，矿山工程地质数据、微震监测数据、有限元计算的应力场、损伤场数据等多组三维数据信息集进行集成，通过真三维的可视化显示与更为有效的数据解读和分析，研发石人沟铁矿露天转地下过程中围岩稳定评价与矿山动力灾害预测、预警系统，确保矿山的安全生产，并根据围岩稳定状况动态调整开采工艺参数。

10.1 虚拟现实系统概念

虚拟现实技术（Virtual Reality Technology）是近年来发展起来的高新技术，在航空航天、建筑等工程领域和基础研究方面已取得了令人注目的成就。计算机技术和软件工程的高速发展，进一步扩大了 VR 技术的应用范围和研究规模。作者深信，随着 VR 技术在矿业方面应用研究的进一步发展，必将成为矿山优化设计、生产管理、危险性评价及矿工培训等方面的重要手段。

虚拟现实技术是一门人与信息科学相结合的高新技术，是人类与计算机和极复杂数据进行想象、处理和交互作用的一种手段。它由计算机生成的人机交互的三维空间环境构成，如图 10－1 所示，人通过使用传感器、效应器实现与计算机虚拟环境的交互作用和认知过程。VR 是计算机绘图技术的高级阶段，其所产生的这种虚拟环境就如真正的现实空间一样具有多种感知层次，并不仅仅是一种多媒体的形式，其中的图像可根据人的视觉和人的动作来生成。

进入 21 世纪，系统虚拟技术势必成为将来产品研发的主流，特别是成本高、系统复杂、不可能制造多台物理样机的深海采矿行业的应用前景大好。目前，系统虚拟技术的构成技术已经成熟，它的应用研究应该加大力度，尤其是深海采矿领域更应该优先采用系统虚拟技术。

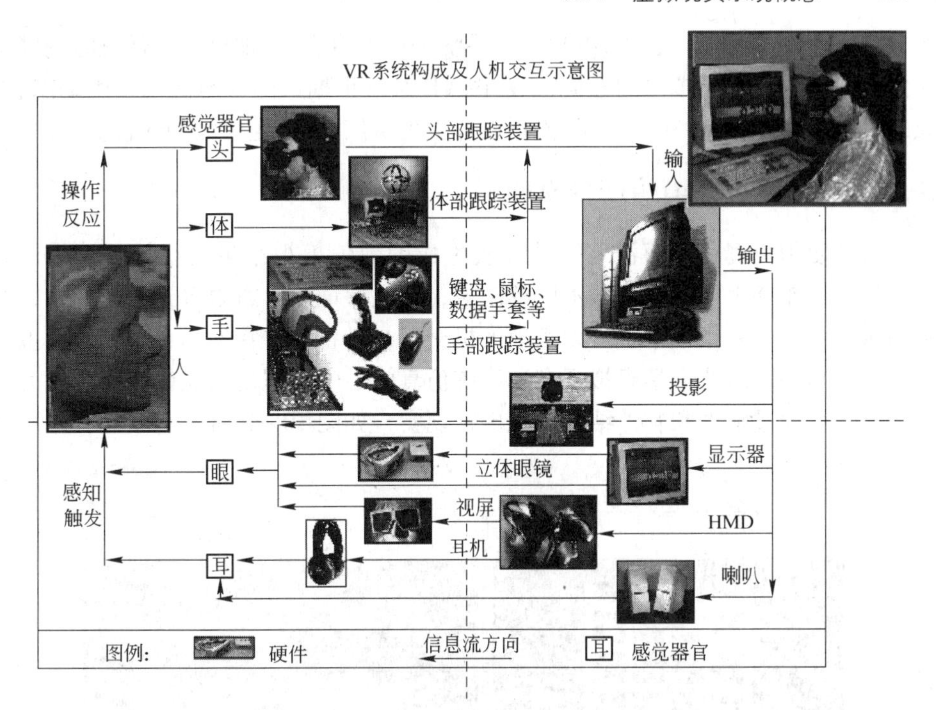

图 10－1 虚拟现实系统的显示原理

图 10－2 为从加拿大 Laurentian 大学矿山岩石工程研究中心购买的大型背投虚拟现实系统，实现矿山实体结构真三维虚拟显示。

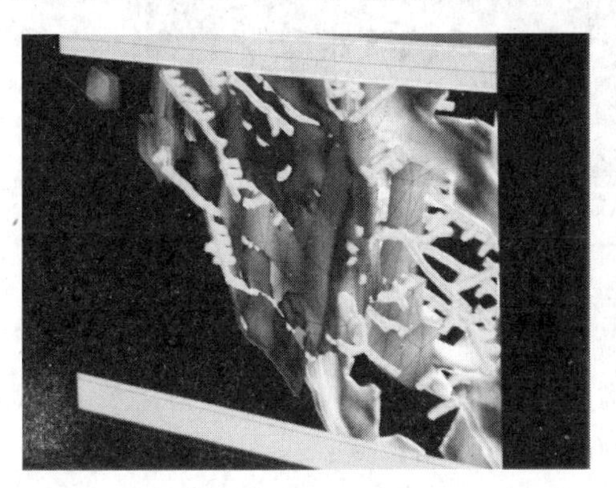

图 10－2 从加拿大 Laurentian 大学矿山岩石工程研究中心购买的大型背投虚拟现实系统

矿业工程计算机的应用也不例外，计算机模型、CAD 软件包日益成为工程师优化设计和管理生产的重要手段，应用 VR 技术就可以创造出一个三维的采矿现实环境，无论是采矿作业过程还是工艺设备的运行，都如同是拍摄的真实录像,更有意义的是操作人员可以与这一系统进行人机交互,他可以在任意时刻穿越任何空间进入系统模拟出的任何区域,由 VR 系统根据人的参与活动产生动态、直观的反应和操作,使计算机模拟、优化设计更为实用,并产生巨大的效益。

10.2　虚拟现实环境的产生原理

为了使用户真正“沉浸”于计算机生成的数值模拟结果的虚拟环境中，必须具备一个能够生成左、右眼不同的图像，并且保证左、右眼看到相应的左、右眼图像的系统，并且该系统可以实现人机交互，具备这些特性的系统就叫虚拟现实系统。本书以东北大学虚拟现实和系统仿真中心的虚拟现实立体投影系统为平台，该系统通过硬件和软件结合实现虚拟现实，如图 10－3 所示。

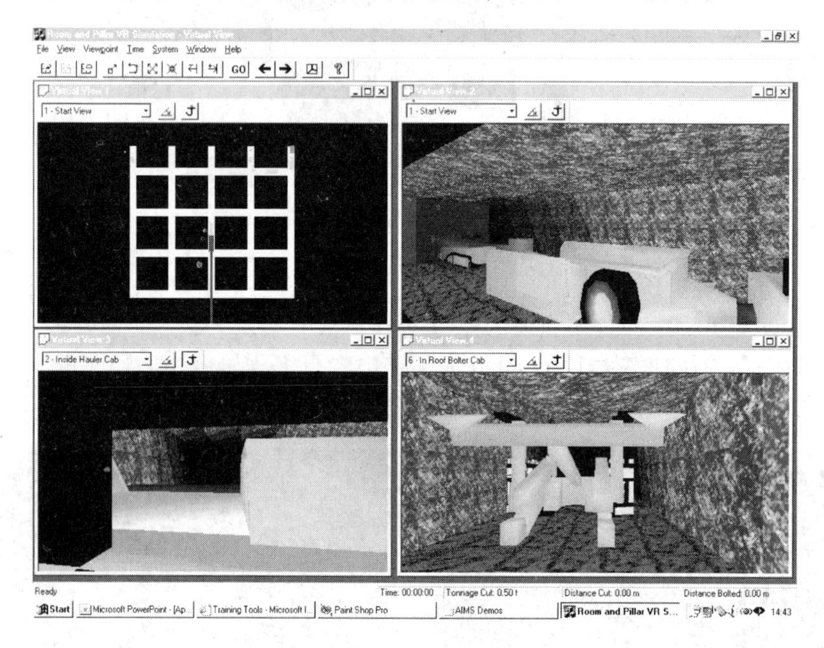

图 10－3　地下工程虚拟开挖系统

虚拟现实系统由硬件、软件两部分构成。硬件部分有：

（1）配有高性能显卡 Nvida（FX 4500）的工作站；

（2）两个解码器（XPO2）；

（3）四个背投式 F1＋投影仪；

（4）偏振滤光器；

（5）屏幕；

（6）偏振光眼镜。

软件有：Fluent，Gocad，Paraview，Blender，Tecplot 等。

虚拟现实系统构成如图 10－4 所示。

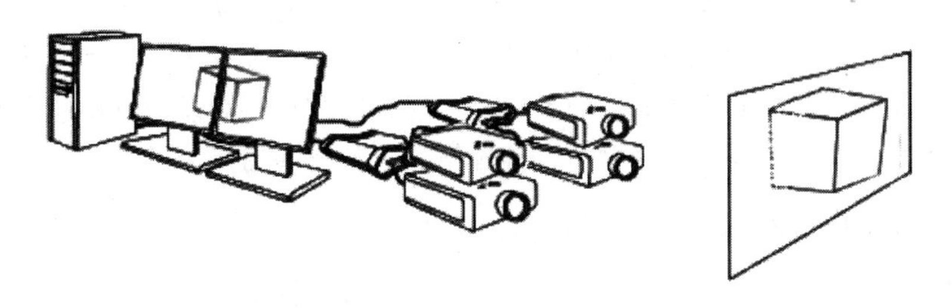

图 10－4　虚拟现实系统构成图

在工程应用中，首先通过数值模拟得到求解数据，再在本系统中显示立体效果。计算机产生图形信号通过显卡（Nvida FX4500）分成左右两部分信号 VGA，传输到相应的解码器内，在此过程中，两个信号由同步合成器进行同步，确保屏幕显示同一信号，信号进入解码器后，又被分成左眼视频信号和右眼视频信号 DVI，DVI 信号通过，又被传输到四个 F1＋投影仪（左右各两个）。投影仪投出的光线信号，经过偏振滤光器射到屏幕上后形成三维立体效果。用户戴上偏振光眼镜即可看到三维图像。另外 VGA 信号还可以不经过解码器直接进入左眼的投影仪，显示出一般的模拟信号。立体显示过程原理如图 10－5 所示。

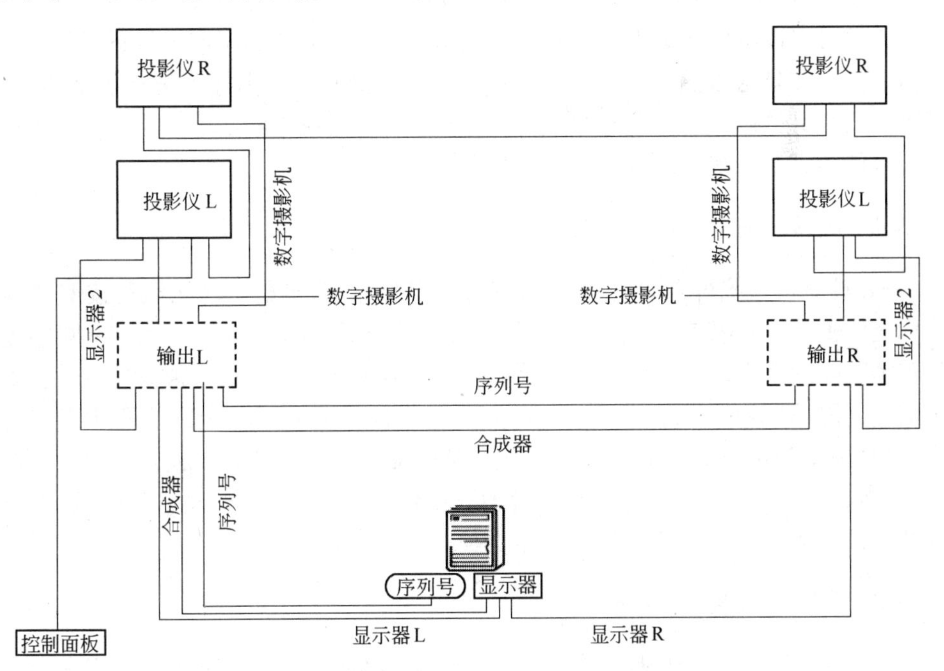

图 10－5　立体显示过程原理

虚拟原型的生成是在虚拟环境下模拟生产设计，使设计师在设计的早期阶段对方案作重要的和决定性的分析；也可以充分利用目前已有的计算结果，将 VR 技术与其他数字矿山软件融为一体。这样设计师可以在投入大量的时间和资金之前，先生成一个虚拟矿山原型，观察其生产过程，避免前期设计时物理模型的制作，灵活地体现及修改各种造型的设计风格，节省前期的资金投入。

10.3 虚拟现实系统在矿山中的应用

虚拟现实技术是一门人与信息科学相结合的高新技术，是人类与计算机和极复杂数据进行想象、处理和交互作用的一种手段。随着地球上矿物资源不断地开采和利用，开采深度和难度不断增加，一些新型高效的采矿设备的开发迫在眉睫，同时矿业是传统产业，是国民经济的基础产业，因此，更需要以现代新理论和新技术改造该行业，使矿产资源开发信息化，矿业设计和决策科学化、现代化。围绕矿业发展从设计到生产的整个周期，虚拟技术能生动、直观又逼真地展现井下开采施工过程的三维动态场景，为采矿设计和技术决策提供确切依据，将显示其强大的优势和发展潜力。矿山虚拟现实系统一般具备以下功能。

10.3.1 采矿设计

基于 VR 技术的矿山设计应用系统可以使设计者“所想即所见”，矿山系统虚拟设计可以即时生成工程师们设计的开拓、运输、通风、压排供等系统的三维虚拟模型，并且这些模型可以与设计者实现自然交互，可以任意选择漫游路径。三维、交互式的矿井生产系统的布置状况及生产工艺流程的展示，使不熟悉矿井的人也能较容易直观了解整个矿井生产系统。

10.3.2 风险评估

VR 计算机系统可自动地进行任何生产环境的风险分析。风险值是按照“风险标度”所处的位置来度量的，风险标度用不同颜色的立体框表示，不同的色彩表征风险的大小，如绿色表征低风险，黄色为中等风险，红色则为高风险。采矿设备周围的风险区域是动态的，它依据当前时刻虚拟环境中所处的状态来变化。VR 模型为用户提供了一种强有力的观测风险分析环境的方法，这种风险评价方法考虑如下因素：（1）风险评价的三维性质；（2）模型环境中的人及设备的位置及其运动；（3）模型环境中的人及设备的行为。

10.3.3 事故原因调查

运用 VR 技术可以快速、有效地以一系列三维图像在计算机屏幕上再现事故发生的过程，事故调查者可以从各种角度去观测、分析事故发生的过程，找出事故发生的原因，防止其他与此相关的潜在事故的出现。矿井火灾和瓦斯爆炸是井下工作人员所面临的主要灾害。目前国外的研究人员正致力于矿井火灾 VR 系统的开发，该系统通过模拟某个真实的矿井作业环境，并结合网络分析和 CFD 模拟的结果，可以逼真地展示出火灾或爆炸发生的动态过程，除了模拟烟火弥漫状况外，该系统还可通过人机交互作用显示出人为因素如反风、灭火措施等对整个通风网络的影响。

10.3.4 技术培训、安全教育

VR 系统创造出的矿山生产环境逼真，并且各个场景之间能够交互作用，适合用于矿工的技术培训和安全教育。VR 系统不仅可以模拟矿山常规作业环境，而且可以模拟矿山的抢险救灾环境。矿工们可以在模拟的常规作业环境中接受技术培训，这种培训可以使受训者产生身临其境的感觉，能够迅速理解和掌握那些在书面资料上很难理解的内容，操作方法的学习、工作技巧的掌握等也变得非常简单和容易。

矿工们还可以在模拟的抢险救灾场景中寻找逃生自救的方法及所必需的救护设施，并作为安全经验积累下来，这将有助于矿山的安全生产。另外，由于虚拟环境与矿工的实时交互，这比在装备良好的实时工作场地培训矿工更加节约成本，效果更加明显。

10.3.5 采矿过程虚拟研究

通过虚拟现实 VR 系统可以演示设备运动和操作过程，使人们对工作面这些设备的作用有更深入的理解，对设备及系统出现的问题可以及时解决，优化设备整体性能，提高生产效率和生产的安全性。虚拟采场不仅包括静态的虚拟环境（如巷道、顶板、底板等）还包括动态的可交互的虚拟实体（如掘进机等）。该系统除了可以自动演示整个采矿工艺过程外，还可以借助于鼠标、键盘进行简单的人机交互，控制设备的运行状态等。

10.4 基于虚拟现实技术的围岩稳定与矿山动力灾害预测、预警系统初步研发

以石人沟铁矿为依托，结合石人沟铁矿实际生产与安全监测情况，利用虚拟现实技术开发出包括矿体、巷道、防水帷幕以及铲装运输作业等三维场景，带有虚拟漫游、应力场显示、微震数据显示及信息查询功能的虚拟矿山系统。

10.4.1 虚拟矿山系统总体设计

虚拟矿山由 4 部分构成，如图 10－6 所示。

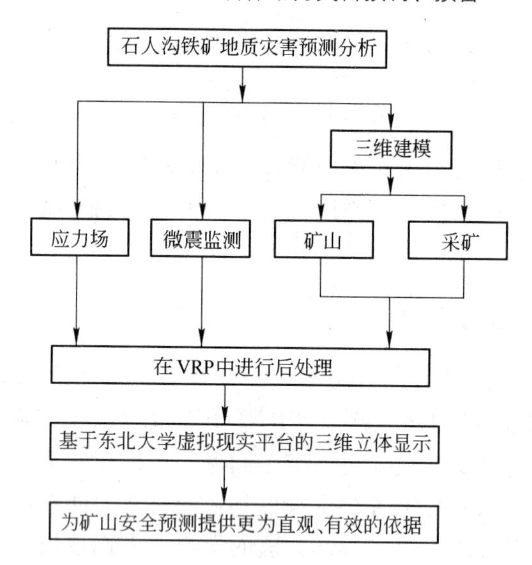

图 10 - 6　基于虚拟现实的石人沟铁矿矿山动力灾害预测、预警系统构成

10. 4. 2　石人沟铁矿虚拟现实模型的建立

为了增强虚拟矿山系统的真实性与生动性，除了建立起完整逼真的矿山静态模型场景外，比如巷道、采场结构和围岩等，还对采矿设备的作业状态设定刚体动画来模拟真实的采矿流程。

VRP 是由中视典公司开发的具有自主知识产权的一款国产三维虚拟现实平台软件，支持 max 格式文件的导入，并提供了 3 种二次开发方式：（1） ActiveX 插件方式。可以嵌入包括 IE、Director、Authoware、VC/VB、Powerpoint 等所有支持 Activex 的地方。（2） 基于脚本方式。用户可以通过编写脚本语句实现对 VRP 系统底层的控制。（3） SDK 方式。VRP 提供 C + + 源码级的 SDK，将三维模型的存储、运算、显示、交互等内容全都以类的方式封装起来了，用户在此基础之上可以开发出各种定制的应用。

导入矿山模型后，就可以利用 VRP 对场景进行交互式的开发与控制，如图 10 - 7 所示。

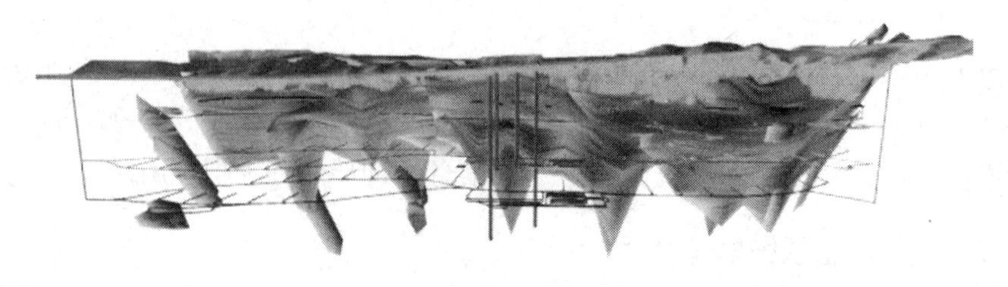

图 10 - 7　导入到 VRP 中的矿山模型

10.4.3 应力场云图和微震数据显示

编写 C ++ 程序，利用 SDK 对 VRP 进行二次开发，结合数值模拟计算结果，实现读取应力场数据并显示力场云图的功能。结合岩石的强度参数就可以分析围岩的稳定性，如图 10 - 8 所示。

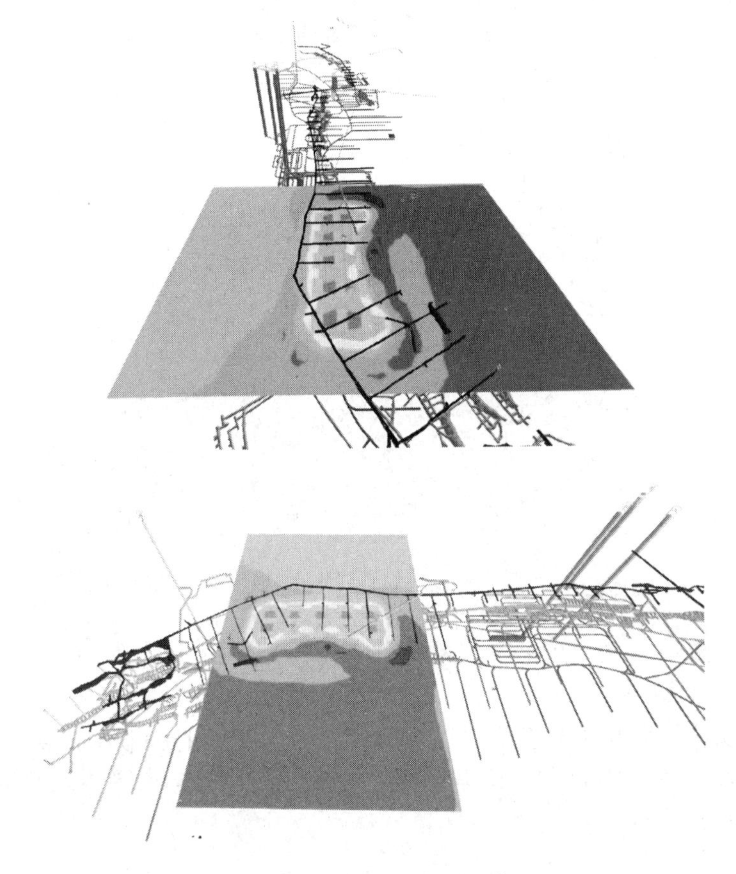

图 10 - 8 应力场云图现实

同样利用 SDK，实现读取微震数据并利用微震球直观显示微震数据的功能。用球体的大小代表能量的大小。应用实时的微震数据分析与微震阈值判断，结合直观立体显示可对地质灾害进行预测预报，如图 10 - 9 所示。

10.4.4 控件制作

在所有的三维场景和查询系统制作完成之后，就需要建立一套完整的控制系统，以达到人对场景的交互式控制。比如刚体运动控制、相机切换、模型的隐藏

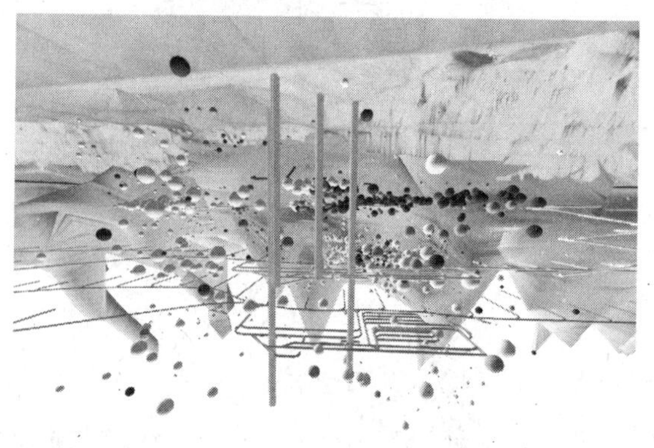

图 10－9　微震数据现实

与显示等，这些都可以通过编写简单的脚本语句实现。控件制作完成并隐藏矿体后的场景如图 10－10 所示。隐藏矿体后的采场内场景和巷道内场景如图 10－11、图10－12 所示。

10.4.5　小结

开发建立了基于虚拟现实技术研发的石人沟铁矿采动影响下的动力灾害预测、预警系统。石人沟铁矿的微震监测数据利用无线传输技术实时地传送到东北大学虚拟现实系统仿真中心，同时建立了矿山的力学模型进行应力场分析，根据开采生产计划更新模型，在摸清矿山应力分布的情况下，结合微震监测数据评价石人沟铁矿采场围岩稳定性，及时调整开采工艺参数，对潜在大型岩体破坏灾害进行预测、预警，为矿山生产提供决策支持。经运行以来，确保了矿山安全生产。

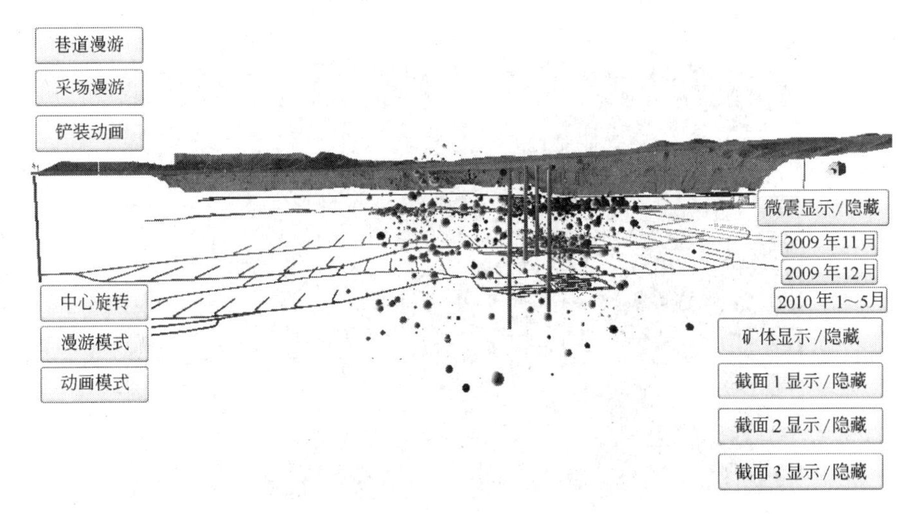

图10－10　隐藏矿体后的场景

图10－11　采场内场景

巷道漫游
采场漫游
铲装动画
中心旋转
漫游模式
动画模式
微震显示/隐藏
2009年11月
2009年12月
2010年1～5月
矿体显示/隐藏
截面1显示/隐藏
截面2显示/隐藏
截面3显示/隐藏

巷道漫游
采场漫游
铲装动画
中心旋转
漫游模式
动画模式
微震显示/隐藏
2009年11月
2009年12月
2010年1～5月
矿体显示/隐藏
截面1显示/隐藏
截面2显示/隐藏
截面3显示/隐藏

图 10－12　巷道内场景

11 结论与展望

11.1 研究结论、创新点与关键技术

本书针对石人沟铁矿露天转地下开采存在的安全技术问题，深入开展了围岩稳定与安全防灾技术研究，该研究成果对于丰富、完善我国铁矿山露天转地下开采技术和理论，促进我国矿山露天转地下采矿安全、可持续发展，具有重要的实际应用和推广价值。本项研究通过综合采用一系列前沿技术，分析研究制定了一套露天转地下开采围岩稳定与安全防灾技术集成，为该研究领域的技术发展通过了研究基础。形成的主要技术成果在矿山得到了有效的应用，保证了矿山的安全高效生产，创造了显著的经济效益和良好的社会效益。本书研究形成的5项关键技术如下：

（1）引进、开发新技术，综合运用世界前沿技术，研究总结制定了一套具有自主知识产权的露天转地下开采矿山围岩稳定与安全防灾技术集成，在该研究领域形成了一套新的前沿技术。

本项研究紧密结合露天转地下开采矿山围岩稳定与安全防灾的技术问题，根据其问题的复杂性和技术难度大的特点，综合采用并进一步研发了矿岩物理力学性质分析与研究、岩体受水文影响的长期强度确定、FLAC2D、RPFA2D二维稳定性及破坏机制模拟计算与分析、PATRUN3D三维稳定性模拟计算与分析、CMS探测与3DMINE技术对接及开发空区实体建模技术、MMS微震监测与3DMINE、RFPA技术对接与建模、计算分析系统的开发和基于虚拟现实技术的围岩稳定与矿山动力灾害预测、预警系统的研发等技术，多项技术的应用与研发，达到各项技术相互补充、互相验证的技术目的，通过几年的现场实际应用验证，该技术集成实用、可靠，能有效解决矿山设计安全技术问题，确保矿山防止发生地下开采围岩失稳破坏灾害。

（2）研究了地下开采引起的采空区和境界矿柱突冒危险性和露天坑积水下渗引起的井下突涌可能性，提出了详细的防突、防冒技术方案和高效开采方案，具体如下：

1）南区（16~28线）由于F18、F19断层在24~25线斜穿矿体，FX1、FX2、F8断层在19~20线斜穿矿体，受断层影响，开采时引起围岩变形、破坏，易诱发顶柱冒落和突涌危害。

2）为避免突涌、突冒灾害发生，在0m水平到－60m水平之间，F18，F19，F8，FX1，FX2断层带及其两侧15～40m范围内，留设两段宽度分别为110m和190m的矿段，进一步研究断层下采矿方案。

3）除断层带及受断层影响的长度外（长度900～1000m），不会产生突冒、突涌灾害。经稳定性计算和矿块参数优化分析，境界顶柱可以采取变厚度的采矿结构参数方案，即在围岩稳定区段顶柱厚度可减小，以便多采出矿石，提高资源回收率；在围岩破碎区段顶柱厚度要加大，要确保顶柱稳定，进而确保采矿安全。

（3）断层破碎带影响下矿体的安全采矿技术。针对F18～F19破碎带及断层区段内矿体的安全开采问题，研究确定了断层区域内的采矿技术方案，采矿方法研究选择了小分段矿房采矿法。该采矿方法的应用，使作业人员在小分段联络道内进行，改善了人员暴露在采场下的作业条件，可确保断层影响区域内采场的人员安全，实现断层区域内矿体安全高效的采出，为矿山尽可能地回收矿石资源提供了技术支持，为F18～F19破碎带及断层区段内铁矿石的安全采出奠定了安全技术基础。该采矿技术方案用于指导矿山采矿生产，在确保安全条件下将该区段矿体有效地安全采出，补充了过渡期矿石产量的不足，有效地回收了矿石资源，矿山取得了可观的经济效益。确保了采矿安全，保持了社会稳定与和谐，社会效益良好。

（4）基于三维激光扫描CMS技术，建立了大面积采空区探测与稳定性分析方法，提出了采空区处理与矿柱回收及高效充填开采方案，具体如下：

1）为了进行空区处理、矿柱的回收以及保证三期充填开采的安全性，对－60m水平中段的采空区进行了全面的调查，确定了采空区的数量及具体位置，并利用CMS设备进行井下实地测量，得到空区形状、方位、体积等指标，制定了不同危险等级采空区处理方案及采空区充填前的采场预处理技术。

2）建立了采空区三维可视化数值模型，评价矿房顶板、矿柱的稳定性，为采空区的充填提供了依据，并制定了矿柱高效回采方案。该项研究成果为同类矿山矿柱高效、安全回采，提高资源利用率，提供了可借鉴的经验。

（5）利用微震监测系统，对采场围岩和露天边坡进行长期实时监测，建立了开采扰动诱发围岩损伤劣化的评价方法，并结合虚拟现实平台和背景应力场分析，构建了矿山岩体失稳预警、预报系统具体如下：

1）利用微震监测系统（24通道）及矿山微震监测分析软件，建立了露天转地下开采的衔接层及地下开采地压活动的微震监测系统，将监测到的数据通过网络无线传输到微震活动分析中心，利用统计方法深入挖掘监测数据潜在信息，建立了开采扰动围岩的损伤劣化和岩体质量评价方法，为矿山崩落法实施诱导冒落、调整开采参数提供依据。

2）利用并行计算技术分析开挖形成的应力场，实现微震监测系统和三维应力分析系统之间的数据交换，建立了基于背景应力场的矿山岩体失稳预警、预报系统，为矿山安全生产提供了技术支撑和决策支持。

在上述关键技术研究、实施过程中，形成一些先进的技术方法和理论，创新点主要归纳如下：

（1）建立了露天转地下围岩失稳破坏全过程力学模型和损伤劣化评价方法，为露天转地下防治突冒、突涌方案的制定提供了新的动态可视化的分析手段；

（2）基于 CMS 三维激光探测技术，进行露天转地下空区群围岩稳定性评价，提出露天转地下采空区群处理与矿柱回收技术；

（3）建立了基于微震监测、应力场分析和三维虚拟现实可视化技术的露天转地下开采围岩失稳实时监测及预测、预报综合集成系统。

上述创新点，经科技查新表明，除第（3）个创新点在海底隧道有过应用外，其余在国内外未见文献报道。

本书的研究成果相关关键技术获得知识产权 6 项：（1）企业自有保护技术秘密 2 项：《露天转地下开采围岩稳定与安全防灾技术集成》，商密号：2010-SY-KY-001 和《露天转地下开采境界顶柱厚度确定方法》，商密号：2010-SY-KY-002；（2）申请专利 2 项：《一种金属矿山断层破碎带下的开采方法》和《矿山防盗采微震监测仪》；（3）开发软件 2 套：《矿山微震信息在 3DMINE 三维矿业软件上的实时显示接口技术》和《矿山大型模型快速创建后进行数值分析与模拟的接口技术》。

相关成果在《International Journal of Rock Mechanics and Mining Sciences》《Rock Mechanics and Rock Engineering》《金属矿山》《矿业工程》《岩石力学与工程学报》等核心期刊上发表论文 30 余篇，既具有较高的理论水平，又具有重大实际应用价值，为国内同类矿山的露天转地下顺利衔接、安全高效开采提供了宝贵经验和技术借鉴。

11.2 应用效果分析

通过本课题的研究，确定了安全合理的境界顶柱尺寸、间柱尺寸等采矿参数和爆破参数，提出了疏干排水等确保境界顶柱安全的技术措施，优化了断层影响下安全采矿技术方案及结构参数，探明了大多数矿山存在的本矿采矿后留下的空区和矿区内非法采空区，设计安装了能够对矿山地质灾害进行长效、连续、实时、自动监测的微震监测系统，通过近 5 年来的现场实施，效果良好，为露天转地下安全生产起到了明显的保障作用，经济效益和社会效益十分显著。

11.2.1 经济效益

研究成果应用于矿山实践，截至 2010 年 6 月，共取得直接经济效益 8549.21

万元，潜在经济效益2.4亿元。

11.2.2 社会效益显著

产生的社会效益具体如下：

（1）保安顶柱设计方案实施后，提高了矿产资源的回收率，保证了有限的资源得到合理利用，为矿山高效、可持续发展提供了有力保证。

（2）大大减小了“突冒”“突涌”事故对矿山安全生产的危害，有利于社会稳定。

（3）确保了露天转地下生产顺利过渡和衔接，稳定了矿山生产，对于职工就业、家属生活稳定产生积极的作用。

（4）空区探测，探明了采区存在的大部分采空区，特别是非法采空区，为空区治理、第三期工程方案的制订及今后的生产安全提供了依据。

（5）微震监测系统的设计、安装和运行，为矿山地质灾害的预防与治理，提供了客观的数据基础，为矿山安全生产提供了技术保障。同时微震监测系统能够定位区内非法开采活动方位，是打击非法盗采的利器。

以上研究成果给类似条件的矿山露天转地下开采提供了示范作用，可在同类型矿山中进行应用、推广。

11.3 建议与技术展望

11.3.1 建议

为达到治理首采层采空区并最大限度回收矿柱，进一步研究充填治理采空区技术方案。

11.3.2 技术展望

露天转地下、露天与地下联合开采已经成为当前和今后一段时间国内矿山的热点之一。矿山在露天转地下开采过程中或联合开采时，普遍存在着如下的问题：转地下开采的时间节点确定、采矿方法选取、境界底柱厚度、地下开拓方案选取、露天边坡稳定性、过渡层管理与开采、矿柱回收及空区处理、覆盖岩层形成、地压管理、顶柱稳定性及防突涌突冒等。本书的研究为此类矿山实践提供了一整套成功的研究思路和实验监测手段，随着矿山实践的深入发展和科学技术手段的进步，这些问题的解决将会更加便捷。按照河北钢铁集团矿业有限公司建设“绿色矿山、和谐矿山、精锐矿山”的理念和要求，进一步研究露天转地下采矿技术、环境保护与生态恢复技术，将石人沟铁矿建成我国资源节约型、环境友好型、安全高效型、社会和谐型的示范矿山。

参 考 文 献

[1] 徐长佑．露天转地下开采［M］．武汉：武汉工业大学出版社，1989.

[2] 汪勇．采空区上方安全境界矿柱厚度的确定方法［J］．矿业快报，2002，1：17～18.

[3] 北京有色冶金设计研究总院．采矿设计手册（矿床开采卷）［M］．北京：中国建筑工业出版社，1987.

[4] 叶粤文．铜绿山南露天坑东帮与地下开采采场地压监测研究［J］．采矿技术，2001，1（4）：16～20.

[5] 章立才．露天转地下的开采技术措施［J］．金属矿山，1994，9：16～18.

[6] 周前祥．露天与地下联合开采工艺特点分析［J］．煤炭科学技术，1995，1：33～36.

[7] 李文秀．急倾斜厚大矿体地下与露天联合开采岩体移动分析的模糊数学模型［J］．岩石力学与工程学报，2004，23（4）：572～577.

[8] 甘德清，张云鹏，白颖超．建龙铁矿露天转地下过渡期联合开采方案研究［J］．金属矿山，2002，6：4～7.

[9] 王进学，王家臣，董卫军，等．大型露天金属矿山深部开采技术研究［J］．金属矿山，2005，7：14～16.

[10] 范平之．新桥矿东翼矿体露天地下联合开采方案探讨［J］．金属矿山，2001，10：13，14.

[11] 夏温斯基 F B，克鲁格利科夫 A F. 紧张矿床露天－地下联合开采前景［J］．国外金属矿山，1998，3：23～25.

[12] 谢尔卡诺夫 B A. 联合开采法的现状和发展前景［J］．国外金属矿山，1993，4：35～39.

[13] 刘辉，陈文胜，冯夏庭，等．大冶铁矿露天转地下开采的离散元数值模拟研究［J］．岩土力学，2004，25（9）：113～117.

[14] 王宁．缓倾斜极薄矿脉采场结构参数和回采顺序优化研究［J］．金属矿山，1999，2：12～15.

[15] 黄瑞泉．保国铁矿露天转地下开采的特点［J］．矿业快报，2002，8：5～6.

[16] 潘鹏飞，梁峥祥，洪大华．眼前山铁矿露天转地下开采的可行性研究［J］．矿业工程，2005，3（5）：8～10.

[17] 李鼎权．论露天转地下开采的若干特点［J］．金属矿山，1994，4：9～12.

[18] 沈道周．大冶铁矿东露天转地下开采开拓提升系统［J］．金属矿山，1997，6：10～12.

[19] 刘水明，李鼎权．大冶铁矿东露天后期开采的挖潜［J］．冶金矿山设计与建设，1999，31（6）：3～8.

[20] 张志凌，吴建刚．露天矿转地下开采通风系统的实践［J］．矿业快报，2001，13：25～28.

[21] 宋卫东，匡忠祥，尹小鹏．大冶铁矿东露天转地下开采生产规模优化研究［J］．金属矿山，2004，12：9～12.

[22] 廖江南．三道矿区采空区处理研究［J］．有色矿山，2000（6）：10～14.
[23] 冶金部勘察科学技术研究所．唐山钢铁公司石人沟铁矿露天采场边坡稳定性研究报告．1989年3月．
[24] 蔡美峰，何满朝，等．岩石力学与工程［M］．北京：科学出版社，2002：217～219.
[25] 赵世民．金川露天转地下开采建设实践［J］．金属矿山，1992，6：1～5.
[26] 唐春安．岩石破裂过程声发射规律的数值模拟初探［J］．岩石力学与工程学报，1997，16（4）：368～374.
[27] Tang C A. Numerical simulation on progressive failure leading to collapse and associated seismicity［J］. International Journal of Rock Mechanics and Mining Science，1997，34（2）：249～261.
[28] 唐春安，王述红，等．岩石破裂过程数值试验［M］．北京：科学出版社，2003.
[29] 东北大学，秦皇岛冶金设计研究总院．唐钢矿业有限公司石人沟铁矿露天转地下开采防止突冒、突涌灾害研究报告．2004年10月．